稻盛和夫
给年轻人的忠告

德群　编著

中华工商联合出版社

图书在版编目（CIP）数据

稻盛和夫给年轻人的忠告 / 德群编著 . -- 北京 :
中华工商联合出版社 , 2017.2（2021.6 重印）

ISBN 978-7-5158-2104-7

Ⅰ . ①稻… Ⅱ . ①德… Ⅲ . ①成功心理—青年读物
Ⅳ . ① B848.4-49

中国版本图书馆 CIP 数据核字（2017）第 235953 号

稻盛和夫给年轻人的忠告

作　　者：德　群
责任编辑：林　立
装帧设计：北京东方视点数据技术有限公司
责任审读：魏鸿鸣
责任印制：迈致红
出版发行：中华工商联合出版社有限责任公司
印　　刷：唐山富达印务有限公司
版　　次：2018 年 1 月第 1 版
印　　次：2021 年 6 月第 2 次印刷
开　　本：710mm × 1020mm　1/16
字　　数：210 千字
印　　张：16
书　　号：ISBN 978-7-5158-2104-7
定　　价：78.00 元

服务热线：010-58301130
销售热线：010-58302813
地址邮编：北京市西城区西环广场 A 座
19-20 层，100044
http: //www.chgslcbs.cn
E-mail: cicap1202@sina.com（营销中心）
E-mail: gslzbs@sina.com（总编室）

Preface 前言

稻盛和夫27岁创立京都陶瓷株式会社（京瓷），52岁创立第二电信（KDDI），他凭借自己一套独特的人生哲学和经营哲学，使这两家企业皆成为世界500强。他与松下幸之助、盛田昭夫、本田宗一郎并称为日本“经营四圣”，也是季羡林、马云、张瑞敏、俞敏洪、郎咸平等知名人士最为推崇的经营大家和人生导师。

很多年轻人或许会认为，稻盛和夫能取得如此大的人生成就，肯定有着非常优越的先天条件：要么得天独厚，天赋极高，非一般人所能及；要么运气极佳，常有贵人相助，想不成功都难；要么出身好，有着优越的创业环境。可事实恰恰相反，以上所列诸项稻盛和夫一样都没有。

稻盛和夫出生在日本一个再普通不过的家庭。他谈不上很聪明，初中、高中、大学考试常常不及格。他上小学时染上肺结核，几近病死；高考时，没能如愿进入心仪的大学，只能入读本地学校；大学毕业后，怀着巨大的热情，想要在社会上闯出点名堂，却碰上经济不景气，企业大幅度削减员工，新人找工作难上加难。他原本想当个医生，却只能在一个陶瓷厂找到一份工作，而且还是在大学教授的推荐下才好不容易进入的，更糟糕的是，他很快发现这家企业已濒临破产。稻盛和夫年轻时的境遇，如今的年轻人也时常能够碰到：进了一般的大学，进了一般的公司，普普通通，庸庸碌碌。这期间也有人想着振作起来，但最终还是随波逐流，坠入平庸的人生境地之中。

但不同的是，稻盛和夫没有让自己沉沦下去，他少年时代就坚信，只要付出不亚于任何人的努力，就一定可以有所作为，成就一番事业。他当时工作的陶瓷厂几近倒闭发不出工资，员工士气低落，常常以罢工来宣泄负面情绪。跟稻盛和夫一起去的4个大学生全辞职了，稻盛和夫却留下了。日复一日他吃住在实验室，不断地想，不断地去思考，一次又一次地在头脑中模拟推演，那些开始只出现在梦境里的东西逐渐清晰，最后梦境与现实的界限消失，难以想象的事情发生了：既无知识和技巧，又缺乏经验和设备的稻盛和夫，却做出了世界领先的发明，给快要倒闭的工厂带来了生机。

当稻盛和夫创立京瓷公司时，他可以说是企业经营的门外汉，缺乏经营的谋略和经验。怎样做才能使公司经营顺利，当时的他束手无策。但他很快发现，一旦发疯地投入工作之中，对某个目标有强烈的渴望，脑海里就会形成一个意象，身边的任何一个新发现都会坚定地指向那个意象，这时，神灵就会给你一把照亮前途的火炬，智慧之井就会向你洞开。稻盛和夫体悟到了超越现实的想象力和创造力产生的真实过程。他知道了追求尽善尽美的强度，决定了一个人和一个公司的前景。

稻盛和夫的体悟，给了想成就一番事业的年轻人一个相当重要的启示：当对一个目标有着强烈的持续的渴望时，苦苦思索体悟，就可能在事先“清晰地看见”那个崭新的结果。相反，如果事先没有清晰的意象，就不会有崭新的成果出现。这是稻盛和夫在人生的各种经历中体验到的真实。稻盛和夫曾将此总结为一个成功的方程式：人生·工作的结果＝思考方式×热情×能力。从这个等式出发，稻盛和夫认为一个人即使有能力却缺乏工作热情，也不会有好结果；自知缺乏能力，而能以燃烧的激情对待人生和工作，最终定能够取得比拥有先天资质的人更好的成果。改变思考方式，改变一个人的心智，人生和事业就会有 180 度大转弯；有能力，有热情，但是思考方式却犯了方向性错误，仅此一点就会得到相反的结果。那些聪明的、毕业于一流大学的学生，或有着资深背景的人，并不一定能取得大的人生成就。在他看来，这些通常让人们引以为傲的东西，恰恰是专注做事的障碍。

综观稻盛和夫的一生，经历了从拿不到工资的破落职员到创造两家世界 500 强企业的经营之圣的巨大跨度。稻盛和夫的人生进化论，值得我们每个渴望在人生中有所建树的年轻人学习和借鉴。本书针对当下年轻人普遍具有的人生困惑，如生活的意义、职业的选择、工作的态度、成功的依据、面对困苦时的应对方法、人格魅力的提升、心灵成长的过程以及人生存在的意义等，对稻盛和夫先生的人生哲学进行了全面总结和系统阐释，囊括了稻盛和夫对于工作、对于企业经营、对于个人立业、对于与他人相处的全部智慧，这些思想精髓为年轻人的成长提供了一整套实际可行的方法。

⊙人生篇⊙

忠告 1　人生的目的在于追求美好心灵，外在的际遇都是磨砺 / 2

拼尽全力，活在当下这一刻 / 2

人生是为心的修行而设立的道场 / 4

好坏交替才是完整的人生轨迹 / 5

持有正面的思维方式就会有幸福的人生 / 7

人的价值由人的心灵决定 / 10

忠告 2　要想改变自己的现状，首先改变自己的心灵 / 13

如果你有善心，地狱也会变成天堂 / 13

人生就是每一个“今天”的累积 / 15

始终以“受教者”的姿态看待自己 / 17

真诚带来爱与和谐 / 19

修身养性的关键在于克己 / 22

忠告 3　做人要低调，做事高标准 / 26

心胸开阔，才能察觉出生命的至福 / 26

最尊贵的行为，就是为他人奉献 / 28
虔诚的感恩发自内心最深处 / 30
以谦卑的心对待一切 / 34
要解决复杂的事情，必须先提高心灵的层次 / 36

忠告 4　把挫折和苦难看作磨炼自己成长的机会 / 39
年轻时的挫折和考验是磨炼自己的机会 / 39
逆境是重新审视自身再次起步的最佳时机 / 41
人生幸与不幸，都要努力不懈地活下去 / 43
苦难是淬炼心性最好的机会 / 46
不能浪费一去不复返的人生 / 48

忠告 5　成功 = 能力 × 努力 × 态度 / 52
没有努力，再好的远见也是空想 / 52
清楚自己的缺点，并极力弥补 / 54
态度是消极的，结果亦将为负 / 56
永怀乐观向上的心态 / 58
用心渴望的目标才可能达成 / 60

⊙职业篇⊙

忠告 1　把工作当作实现人生价值的阶梯 / 64
正面思维等于持续的人格提升 / 64
以完美为目标就是无止境地追求内心的理想 / 67
从知识到见识，从见识到胆识 / 71
能带来真正喜悦的是劳动 / 73

忠告 2　努力工作是成就人生不可或缺的要义 / 76

我们为什么要努力工作 / 76

工作是值得推崇的行为 / 79

乍看是不幸，实际上是幸事 / 82

认真且不遗余力地工作是我们做人的必要条件 / 84

忠告 3　绝不将就苟且，把完美作为工作的最高标准 / 88

完美主义不是更好，而是至高无上 / 88

成败往往取决于“最后 1% 的努力” / 91

不是向“最佳”看齐，而是向“完美”去追求 / 93

出色的工作产生于“完美主义” / 95

以完美为目标就是追求内心的理想 / 97

忠告 4　卓越是 99% 的汗水加 1% 的创新 / 101

敢于走别人没有走过的路 / 101

年轻时的苦难出钱也要买 / 103

持续的力量能将“平凡”变为“非凡” / 107

创造的世界没有标准，唯有找到指南针确定方向 / 109

成为“自燃型”的人 / 112

忠告 5　以高目标为动力，不断要求自己 / 115

定了计划，切实执行才有意义 / 115

始终以百米赛的速度奔跑 / 117

勇于接受挑战，生命才会日渐茁壮 / 119

“已经不行”只是幻象，一切才刚刚开始 / 120

能力要用“将来进行时” / 122

忠告 6　每天进步一点点，在平凡中不断突破 / 125

今天要比昨天更好，明天更要胜过今天 / 125

有创意的心追随的是长远理想 / 128

即使是平凡简单的工作，只要不断创新，也会有飞跃性的进步 / 132

忠告 7　以最大的热情投入工作，才能有所成就 / 135

不热爱工作，就改变心态 / 135

与其寻找喜欢的工作，不如先喜欢上已有的工作 / 138

长期专注，愚钝者变为非凡人 / 141

想要获得伟大成就，就要爱上自己的工作 / 145

重新认识劳动与勤勉的价值 / 147

⊙企业经营篇⊙

忠告 1　合理的组织结构和经营方法是企业基业常青的法宝 / 152

明确业绩考核目标与责任 / 152

坚守核心业务，贯彻从一而终 / 156

掌握时间的精确管理方式 / 159

根据市场变化，时刻调整组织结构 / 162

以最优异的真诚服务作为自己的经营利器 / 165

忠告 2　商道即人道，像经营人心一样经营企业 / 169

在知足的基础上再求发展 / 169

单纯追求私利的企业，无法获得员工的信任 / 170

石墙缝里闪光的小碎石同样重要 / 172

“利他”是企业经营的起点 / 174

依照大家庭主义来经营企业 / 176

忠告 3 培养员工的经营者意识，打造“自燃型”团队 / 179

经营哲学的宣扬是为了培养共同经营者 / 179

用经营理念和信息共享提高员工的经营者意识 / 181

企业应是所有参与者都获得成就感的舞台 / 183

技术、心态、和谐融合一体，才能催生强大的企业 / 186

不要以旧观念使劳资双方对立 / 188

忠告 4 脚踏实地，企业的成功在久不在速 / 192

经营者光靠激情并不足以推动企业的发展 / 192

贪婪会使最简单的问题复杂 / 194

不要追逐利润，要让利润跟着你跑 / 196

简单是企业经营的原理原则 / 199

经营依赖踏实努力的积累 / 202

杰出的经营者会游刃于两极之间 / 204

忠告 5 企业领导者要七分做人，三分管人 / 208

领导者不应只依赖各项规章制度 / 208

领导者应该随时保持一颗谦卑的心 / 211

经营者也需要利用威权来领导手下员工 / 215

自我牺牲是领导者必须愿意付出的代价 / 217

秉持公正与勇气，否则很难让大家产生信心 / 219

忠告 6 管理者要做员工的风向标，增强企业凝聚力 / 223

应该具备“为公司整体”的意识 / 223

明确事业的目的和意义，并向部下明示 / 225

心中要保持强烈的意愿 / 227
不断激励下属士气 / 230
对待下属要有关爱之心 / 232

忠告 7　会聚人、会用人、会留人的企业才能永立于不败之地 / 235
“量体裁衣”：内力不济时需靠外援 / 235
修筑完美的城墙必须建造坚固的石墙 / 237
任用人才的关键在于相信人的成长 / 240
决不能将老员工弃之不顾 / 242

人生篇

忠告 1

人生的目的在于追求美好心灵，外在的际遇都是磨砺

拼尽全力，活在当下这一刻

所有的一切都发生于当下，过好每一天，才能找到真正的力量，发现通往幸福之路的入口，不会把握当下的人，即使有多宏伟的目标也只是夸夸其谈，如沙漠中的海市蜃楼，无法企及。

稻盛和夫告诉我们，做好眼前的事，才能创造出最有希望的生活和最有价值的人生。持续过好内容充实的“今天”这一天——这个观点在京瓷的经营中无时无刻不体现出来。

稻盛和夫的京瓷公司创建至今，从来不作中长期经营计划。新闻记者们采访他的时候，经常提出想听一听他们的中长期经营计划。而当稻盛和夫回答“我们从不设立长期的经营计划”时，他们便觉得不可思议，露出疑惑的神情。

稻盛和夫对此做出了解释：因为说自己能够预见到久远的将来，这种话基本上都会以“谎言”的结局而告终。他认为“多少年后销售额要达到多少，人员增加到多少，设备投资如何如何”这一类蓝图，不管你怎样着力地描绘，但事实上，超出预想的环境变化、意料之外

事态的发生都不可避免地会出现。这时就不得不改变计划，或将计划数字向下调整。有时甚至要无奈地放弃整个计划。这样的计划变更如果频繁发生，不管你建立什么计划，员工们都会认为，“反正计划中途就得变更”，他们就会轻视计划，不把它当回事。结果就会降低员工的士气和工作热情。

同时，目标越是远大，为达此目的，就越需要持续付出不寻常的努力。但是，人们努力，再努力，如果仍然离终点很远很远，他们就难免泄气。“目标虽然没达成，能这样也就可以了，差不多就算了吧！”人们常常就在中途泄气了。从心理学的角度看，如果达到目标的过程太长，也就是说，设置的目标过于远大，往往在中途就会遭遇挫折。与其中途就要作废，不如一开始就不要建立。

自京瓷创业以来，稻盛和夫只用心于建立一年的年度经营计划。3年、5年之后的事情，谁也无法准确预测，但是这一年的情况，他都能应该大致能看清，不至于太离谱。只要做好这一年的年度经营计划中每个月、每一天的工作，成功也就离你不远了。

在稻盛和夫的经验中，做年度计划，就要细化成每个月，甚至每一天的具体目标，然后千方百计努力达成，活在当下这一刻，过好这一刻，无论对我们的事业还是日常生活都有很重要的意义。

清晨，当我们睁开眼睛的时候，深吸一口新鲜空气，抱着这样一个心态：今天一天努力干吧，以今天一天的勤奋就一定能看清明天。这个月努力干吧，以这一个月的勤奋就一定能看清下个月。今年一年努力干吧，以今年一年的勤奋就一定能看清明年。

就这样，每天在“拼尽全力，活在当下这一刻”的自我暗示和勉励下，一瞬间都会过得非常充实，就像跨过一座一座小山。小小的成就连绵不断地积累、无限地持续，这样，乍看宏大高远的目标就一定能实现，正如荀子在《劝学》中所说“不积跬步，无以至千里，不积小流，无以成江海”。

“拼尽全力，活在当下这一刻”在稻盛和夫的人生理念中，就是最确实的取胜之道。

人生是为心的修行而设立的道场

生活中，我们无休止地追求金钱、地位、名誉，乐此不疲。此外，盼望出人头地，也是人生的动力之一，这当然不应一律加以否定。但是在我们拼命追逐这些东西的时候，也时常会向自己提出这样的疑问：

“人类活着的意义、人生的目的到底是什么？”

对于这个最根本的疑问，稻盛和夫做出了直接回答，那就是提高心智，修炼灵魂。

稻盛和夫认为，人生是为心的修行而设立的道场。人生的目的就是在灾难和幸运的考验中磨炼自己的心志、磨炼灵魂，造就一颗美丽的心灵。他认为人之所以来到这个世上，是为了比出生时更为进步，或者说是为了带着更美一点、更崇高一点的灵魂死去。

人生在世苦难多，正是这样的苦难，才是对修炼灵魂的一种考验，也是锻炼自我人性的绝对机会。所谓今生，是一个为了提高身心修养而得到的期限，是为了修炼灵魂而得到的场所。在稻盛和夫的人生经历中，除了取得事业上的巨大成功，他一直践行着“提高身心修养，磨炼灵魂”。

稻盛和夫在 42 年的商业人生中，缔造了京瓷和第二电信两个世界 500 强公司。稻盛和夫留给世界的财富，是在追求全体员工物质和精神两方面幸福的同时，要为人类社会的进步和发展做出贡献。

京瓷尽量让员工持有股份，这是因为稻盛和夫不单单把员工当作劳动者，而是把他们视为同志和合作伙伴。1984 年，稻盛和夫把自己 17 亿日元的股份赠予 1.2 万名员工。稻盛和夫的做法十分罕见。与美国梦大相径庭，稻盛和夫的想法和做法，纯粹是一个“日本梦”，让满怀理想振兴企业的人有了一个新的目标。

在 1985 年，稻盛和夫投入他所持京瓷公司的股票和现金等个人财产 200 亿日元成立稻盛和夫财团，创设了“京都奖”。每年在全球挑选出在尖端技术、基础科学、思想艺术等各个领域取得优异成绩、做出杰出贡献的人士进行表彰，颂扬他们的功绩。

1997 年，65 岁的稻盛和夫身患胃癌，匆忙手术的两个月后，宣布退居二线，只担任名誉会长，并正式皈依佛门。自皈依佛门后，稻盛和夫将大部分时间用于慈善事业和到世界各地演讲。

稻盛和夫有着“奉献于社会、奉献于人类的工作是一个人最崇高的行为”的个人信念，他不仅在事业上取得了巨大的成功，而且在这个过程中也磨炼了自己高尚的灵魂和崇高的人格，受到人们的尊敬。

无论一个人创造了多少物质财富，它们都只限于今生，即使积攒再多也带不到来世去。今生之物只限今世。如果说今生之物中有一样永不灭绝的东西，那就是“灵魂”，正如稻盛和夫所说：“人生是为心的修行而设立的道场”，只有属于灵魂的才是永远的。

好坏交替才是完整的人生轨迹

人生难免有挫折，我们总会抱怨人生事事都不如自己所愿，有的时候，会感觉怀才不遇，施展不开；有的时候会感觉不受重视，所有的努力，做出的成果，不受肯定，无人欣赏。挫折，确实是人生中不可避免的，关键是我们如何对待这些困难。

在稻盛和夫看来，好坏交替才是完整的人生轨迹。人生的道路既布满了荆棘，同时也有快乐的时光，有让我们感到幸福与成功的时刻，关键是保持正面的看法，用毫不动摇的决心、努力去面对人生中的失败与成功。

这是发生在稻盛和夫年轻时的事，当时的他在事业上一路碰壁，十分无助。

稻盛和夫年轻的时候一直运气不好，做什么都不顺利。但他相信上苍一定会一视同仁，23 岁以前，他遭遇许多不幸，后来，大学的竹下老师给稻盛和夫介绍了京都的“松风工业公司”——一家制造输电用绝缘瓷瓶的企业。竹下先生说：“在那里，我有熟人，已同意录用你，你看怎样？”他当即低头表示感谢：“那就拜托您了。”心里说不出的高兴。

但是，瓷瓶以及陶瓷属于无机化学的领域，和稻盛和夫的专业有机化学不对口。这家公司需要研究陶瓷的毕业生，于是他就急忙找了一位无机化学的教授，以鹿儿岛“人来”这个地方出产的一种优质黏土为对象，进行了半年的研究，作为研究成果，写了篇毕业论文。

决定去就职的“松风工业”，是日本第一家制造耐高压绝缘瓷瓶的企业，过去曾经风光一时。听说是京都的“名门企业”，而且是制造瓷瓶的有实力的公司，他父母就放心了。

稻盛和夫带着手头仅有的一点钱，从鹿儿岛来到京都，进入“松风工业公司”。但他很快发现这家公司的经营状况非常严峻，等候发薪的一个月内，凑合着好歹熬过去了，但到发薪日，公司却告之说：“发工资的钱还没准备好，请大家再等一星期。”无奈等了一个星期，公司又说还要再等一个星期——公司的资金周转十分困难。

带着父母兄弟的鼓励和期望，好不容易来到京都，稻盛和夫想不到自己职业生涯的开始竟如此寒酸，如此狼狈。

稻盛和夫的前半生，正如故事中所展现的那样，可以说是挫折连连，真是干什么都不如意。但是后来回头看，他意识到，这种种挫折乃是上苍为提升自己而特意赐予的磨炼和考验，人的能力正是在这种磨炼和考验中才能无限伸展。

在事业上屡屡受挫，困难重重的时候，稻盛和夫没有气馁，而是用正确的态度对待考验，最终迎来了成功。稻盛和夫的经历给我们的启示是，即使是在最难熬的逆境中，也要永远保持快乐的心情、积极的态度，并充满热诚。要拥有开阔的心胸、时时不忘实现自己的目标。不要因为接踵而来的挑战，就朝负面的方向想，变得悲观而愤世嫉俗，把所有的疑虑、负面的想法从心中根除，请牢记稻盛和夫的话："好坏交替才是完整的人生轨迹。"

持有正面的思维方式就会有幸福的人生

两个人被关在同一间监狱里，在一个晴朗的夜晚，他们同时向窗外望去。快乐的人抬起头：啊，好美的星空，我出去后一定要好好享受这样的美景；苦恼的人低下头：怎么又是黑漆漆的泥土！

对于这个故事，我们一定不会陌生。但是生活中的你，是一个快乐人还是苦恼人呢？

不同的人在同样的环境中对待同样的事物，却有着截然相反的想法，这是他们对待事物的态度和思维方式不同造成的差异。

思维方式对人们的言行有决定性的作用，正面思维有利于我们处理任何事情时都以积极、主动、乐观的态度去思考和行动，促使事物朝有利于自己的方向转化。它使人在逆境中更加坚强，在顺境中脱颖而出，变不利为有利，从优秀到卓越。

稻盛和夫在北京大学的演讲“经营为什么需要哲学”中提出：人生和事业的成功需要保持正确的思维方式，充满热情，提升能力，持有正面的思维方式显得极其重要，因为有了正面的思维方式，才会有幸福的人生。

一切文明成果都是正面思维的结果，正面思维的本质就是发挥人的主观能动性，挖掘潜力，体现人的创造性和价值，它帮助人们从认知上改变命运，每个人都应该学会用正面思维来管理自己。

稻盛和夫向我们列举了许多正面思维方式的表现，积极向上、具有建设性；善于与人合作，有协调性；性格开朗，对事物持肯定态度；充满善意；能同情他人、宽厚待人；诚实、正直；谦虚谨慎；勤奋努力；不自私，戒贪欲；有感恩的心，懂得知足；能克制自己的欲望，等等。

稻盛和夫指出，人生很多的失败，往往是因为“思维方式”变成负值，这类负面的“思维方式”如果不改正，不管你有多少财富，你都不可能有幸福的人生。要度过幸福的人生，要把工作做到最好、事业做到最大，就无论如何必须具备正确的、正面的“思维方式”。

看看下面这个关于思维的寓言故事。

为了改变一个乞丐的命运，上帝化作一个老人前来点化他。

上帝问乞丐：“假如我给你 1000 元钱，你如何用它？”乞丐马上回答说拿到钱，马上买个手机。上帝很纳闷，问为什么。乞丐说：“我可以用手机同城市的各个地区联系，哪里人多，我就可以到哪里去乞讨。”

听了乞丐的回答，上帝很失望，但他没有死心，而是继续问道：“那么，如果给你10万元钱，你想做什么？”乞丐这回更高兴了，他说：“那我可以买一部车，这样我以后出去乞讨就方便多了，再远的地方也可以很快赶到。”

上帝这次狠了狠心，说：“给你1000万元钱呢？”乞丐听罢，眼里闪着光亮说：“太好了，我可以把这个城市最繁华的地区全买来。”上帝听完很高兴，以为这个乞丐突然间开窍了，没想到乞丐说了这么一句：“到那时，我就把我领地里的其他乞丐全部撵走，不让他们抢我的饭碗。”上帝无奈地走了。

故事中的乞丐，面对机遇，始终改变不了一个乞丐的思维，他想到的只是如何更好地为行乞创造条件，却没有想过抓住这个机遇，通过自己的努力来改变成为乞丐的命运，而想不到有了钱还用行乞吗？这注定他无法改变行乞的命运。故事向我们说明了一个道理：思维决定人生。

思维的正与负是人生成与败的分水岭。有了正面思维，负面思维就没有了立足之地。正面思维是负面思维的天敌，克制负面思维，用正面思维来置换负面思维，是事业成功和自我实现的唯一途径。

正面思维是人生路上的一盏指航灯，在这个过程中秉持积极向上，具有建设性，善于与人合作，有协调性，性格开朗，对事物持肯定态度的思维，正面面对自己的工作，把工作做得更出色，正面面对自己的生活，把日子过得更充实。如果能做到这些，我们的人生无论是轰轰烈烈还是平平淡淡，一定会硕果累累，一定会幸福美满。

人的价值由人的心灵决定

革命家萧楚女认为：“人生应该如蜡烛一样，从顶燃到底，一直都是光明的。”

文学家列夫·托尔斯泰说：“人生的价值，并不是用时间，而是用深度去衡量的。”

科学家爱因斯坦认为：“人只有献身于社会，才能找出那短暂而有风险的生命的意义。”

人生，是一个人生存、生活在世界的时间岁月。要在这段短暂而漫长的岁月里，有追求、有渴望，有奋进、有奉献、有坎坷、有失落，它伴随着你的人生，无论是阳光下，还是风雨中，都镌刻着人生的历程，体现着人生的价值。不同的选择构成不同的人生，不同的人生，形成了不同的价值。人的荣誉多少不是衡量人生价值的标准，人生的价值应该由人的心灵决定。

稻盛和夫认为，人生的意义在于修炼灵魂，首先要有纯洁美丽的心灵，这是思考人生首先要具备的，拥有什么样的心灵，就会选择什么样的人生，实现什么样的人生价值。

被评为 2007 年感动中国的十大人物的陈晓兰，用一颗医者的心向我们谱写了一个关于人生价值的感人故事。

1997 年，当时是上海市虹口区广中医院理疗科医生的陈晓兰，偶然发现本院在使用一种叫“光量子氧透射液体治疗仪”的医疗器械。医院鼓励医生使用这种仪器进行所谓的“激光针”疗法，每次收费 40 元，每开给病人一次，医生都有大约 7 元提成。该仪器说明书称，以输液用葡萄糖或生理盐水为载体，经紫外线照射、高压充氧后输入人体，能提高血氧饱和度和机体免疫力。

但陈晓兰发现，没有人回答“药物在经过充氧和光照之后，药性是否会产生变化，以及这种变化是否会造成危害”这类问题。在医院，这种“激光针”被大部分医生宣传为“神仙机器”，而病人也对此深信不疑，因而每天有很多人排队在那里打针。而陈晓兰发现，多数打过针的病人没有留下病史记录，这意味着无法证实这种针是否会对人体造成潜在危害。

不久，她又发现与这种治疗仪配套使用的“一次性石英玻璃输液器”生产许可证编号、产品登记号等是假的。1998 年，在陈晓兰多次举报之后，上海市有关部门宣布取消了这种疗法。

从那时至今，由于陈晓兰不懈举报而被查处的假劣医疗器械和治疗方法包括光量子氧透射液体治疗仪、石英玻璃输液器、鼻激光头、光纤针、半导体假冒的氦氖激光血管内照射治疗仪、血管内激光和药物同步治疗、伤骨愈膜和静输氧。

在她 9 年不懈的艰辛举报生涯中，陈晓兰两次无奈地使自己成为受害者。不惜以身试针获取假劣医疗器械证据。1998 年，经她不断反映，她原来所在上海市虹口区广中医院被有关部门勒令停止使用“激光针”，但上海还有很多医院照用不误。

“他们还告诉我，只有受害者才可以去投诉，我既不是受害者，也不是该医院的职工，根本就没资格投诉。”陈晓兰说，为了打击层出不穷的假冒伪劣医疗器械，她决定先让自己成为受害者。

此后，陈晓兰一连在上海的四家医院打了四针“激光针”。在这个特殊“患者”的努力下，1999 年 4 月 15 日，上海市卫生局会同医保局、药监局做出了禁止使用“光量子仪”和石英玻璃输液器的决定。

她很快证实，这种光纤头注册证是盗自其他产品。她又通过全国人大代表向上海市主管卫生工作的副市长写信反映，使这种光纤头在2002年初被药品监管部门取缔，部分经营和使用单位受到处罚。

10年来，陈晓兰举报的8种假劣医疗器械被证实、被查处。在这10年中，有人把陈晓兰当作英雄，也有人把她称为“叛徒”。10年打假，陈晓兰花光了自己的积蓄，贴上了自己的健康，甚至被人污为“精神有问题”，原本平静的生活更是坎坷不断。

陈晓兰言行如一，她按自己内心的想法做事，维护的是公共利益。她被一些奸商列入“黑名单”，她让一些官员恨得咬牙切齿，因为她敲碎了某些官员的利益和脸面。于是她的人身安全常常受到威胁，但陈晓兰无怨无悔，矢志于打假。究其因，诚如她常说的一句话:“我是医生，我在和生命打交道！我要对得起自己的良心！”

作为一个医生，她有一颗美丽的心灵，曾经艰难险阻，她十年不辍，既然身穿白衣，就要对生命负责，在这个神圣的岗位上，她认为良心远比技巧重要得多。她是一位医生，治疗疾病，也让这个行业更纯洁，虽然在这条路上，她走得很艰难，但是她的人生也因此而熠熠生辉，在这个过程中也使自己的人生更有价值。

稻盛和夫认为，展现人生的价值，必须用高尚品格和美丽的心灵造就光彩的人生。力图使自己活泼而不轻浮，严肃而不冷淡，自信而不骄傲，虚心而不盲从。成功时学会深思，受挫折时保持镇定，在追求人生价值中怀着一颗美丽的心，在奉献中实现人生价值。只有这样才能行进在人生的旅途上，经风不折，遇霜不败，逢雨更娇，历雪更艳。正如稻盛和夫所说：人的价值由人的心灵决定，用美丽的心灵浇灌出一朵绚丽的人生之花。

忠告 2

要想改变自己的现状，首先改变自己的心灵

如果你有善心，地狱也会变成天堂

中国有句古话，叫作“积善之家有余庆”，意思是，多行善，多做好事就会有好报。不仅当事人，就连家人、亲戚也有好报。一人行善，惠及全家以至亲朋好友。

在日常生活中，人们总是习惯于依据自己的得失、胜负而采取行动，就是说被利己心所左右，只为自己个人考虑。在稻盛和夫看来，以亲切、同情、和善、慈悲之心去待人接物，至关重要，多做好事就能使命运朝着好的方向转变，使自己的工作朝着好的方向转变，做人做事首先考虑的不是自己利益而是他人利益，即使有时做出自我牺牲也要为他人尽力。因为这种行为，一定会给你带来莫大的幸运。

40 多年前稻盛和夫创立的京瓷公司还是一个中小企业，在欢迎新员工的典礼上，他引用圆福寺的长老们曾经给他讲述的一个故事，阐述了这种利他之心的重要性。

在某个寺院，一位在寺院修行的行脚僧向寺院的长老请教：“听说在那个世界有地狱和天堂，地狱到底是什么样的地方呢？”长老回答说：“在那个世界确实既有地狱也有天堂。但是，两者并没有太大的差异，

表面上是完全相同的两个地方，唯一不同的是那儿的人们的心。”

长老看了看这个年轻的修行僧，语重心长地继续讲道：“地狱和天堂里各有一个相同的锅，锅里煮着鲜美的面条。但是，吃面条很辛苦，因为只能使用长度为一米的长筷子。住在地狱的人，大家争先恐后想先吃，抢着把筷子放到锅里夹面条。但筷子太长，面条不能送到嘴里去，最后抢夺他人夹的面条，一幅你争我夺的惨烈画面就出现了，大家你争我夺，面条四处飞溅，谁也吃不到自己跟前的面条。美味可口的面条就在眼前，然而每一个都因饥饿而衰。这就是地狱里的情景。

与此相反，在天堂，同样的外部条件下情况却大相径庭：任何人一旦用自己的长筷夹住面条，就往锅对面人的嘴里送，‘你先请’，让对方先吃。这样，吃过的人说‘谢谢，下面轮到你吃了’作为感谢和回赠，帮对方取面条。所以，天堂里的所有人都能从容吃到面条，同时心里也感觉到一股暖意，每个人都心满意足，出现的是一片和谐、融洽的光景。”

即使居住在相同的世界里，对他人是否热情、关心就决定那里是天堂还是地狱，天堂和地狱的区别在于“善心”。这就是这个小故事想要告诉世人的道理。

在经营企业的过程中，稻盛和夫努力实践着“利他”这个基本原则，心存“奉献于社会，奉献于人类”的精神，怀着一颗善心对待人和事，心态不同，同样的事情就会有截然不同的结果。在这种理念的指导下，稻盛和夫缔造了巨大成就，成为一大传奇人物。

“为了让人生更幸福，为了让经营更出色，希望大家多行善事，多做对他人有益的事”，这是稻盛和夫对我们的期许，就像这个故事中的天堂一样，依善而行，我们就可以构筑起一个极其美好的世界。

人生就是每一个“今天”的累积

人们常说：“成功，就是每天进步一点点。”然而实际情况是，我们会经常忽略这样的积累过程：当下这一秒累积起来成为一天，而一天一天下来会累积成一个星期、一个月、一年。蓦然回首时，不知不觉已站在高不可攀、伸手也无法企及的山顶上。

在激烈的竞争中，就算你想在短时间内克敌制胜，也别忘了明天不可能跨越今天而直接到来，别妄想一步登天，行走千里也得从跨出第一步开始，无论多么远大的梦想，也要靠一步接着一步、一天一天的累积，才可能成就。

稻盛和夫指出:持续就是力量,抓紧“今天”这一天,认真地过日子。假如每天都努力工作,并设法改善一些事情,或许就能预见明日的光景。一天天累积起来的就已非常可观，5 年、10 年后的成就必然会辉煌。

专心致志于一行一业，不腻烦、不焦躁，埋头苦干，你的人生就会开出美丽的花，结出丰硕的果实。下面这件稻盛和夫亲历的事充分说明了这个道理。

多年以前，在京瓷滋贺县的工厂里，有一个工人，他只有初中学历，但做事认真，踏实。只要是上司布置的工作，他日复一日，不厌其烦地认真完成。在工厂里他毫不显眼，一直默默无闻，但从无牢骚，也从无怨言，兢兢业业，孜孜不倦，努力地做好每天的工作，持续从事着单纯而枯燥的工作。

20 年后，当稻盛和夫与这个工人再次见面时，稻盛和夫大吃一惊，那么默默无闻、只是踏踏实实从事单纯枯燥工作的人，居然当上了事业部长。令稻盛和夫惊奇的不仅是他的职位，而且言谈中可以体会到，他已经是一个颇有人格魅力、且很有见识的优秀的领导。

“取得今天这样的成就，你很棒！”稻盛和夫由衷地赞赏他。

作为一名企业经营者，稻盛和夫使用过各种各样的人才，其中不乏“聪明伶俐”的人。这种人头脑敏捷，对工作要点领会很快，是所谓“才华横溢”的人物，同时，他的公司也招聘了一些“笨人”，他们反应迟钝，理解事情缓慢，可取之处只是忠厚老实，起初稻盛和夫认为经营者看重、赏识的人才当然是前者而不是后者。如果企业不得已要辞退职工，首先遭殃的肯定是后者而不会是前者。”他曾认为，前者当中特别能干的人，“将来在公司里可以委以重任”。现实情况恰恰相反，在多年的商路历程中，他体会到，那些头脑灵活、思维敏捷的人才，正因为他们聪明，成长很快，或许就会认为眼前的工作太平凡，待在公司里大材小用了，于是不久就会辞职离去。所以，最终留在公司里的、有用的，恰是那些最初不被看好，这些“头脑迟钝”的人们，他们做起事来不知疲倦，孜孜以求，10 年、20 年、30 年，像尺蠖一样一寸一寸地前进，刻苦勤奋，一心一意，愚直地、诚实地、认真地、专业地努力工作。稻盛和夫为自己曾经的“短见”感到羞愧。

这位工人所以能成功，是因为他懂得持续的力量，能将“平凡”变为“非凡”，在每一天的积累的基础上，逐步走上了成功之路。

所谓人生，归根到底，就是“一瞬间、一瞬间持续的积累”。每一秒钟的积累成为今天这一天；每一天的积累成为一周、一月、一年，乃至人的一生，细数那些成功人士的成功经历，他们的“伟大的事业”也是“朴实、枯燥工作”的积累，他们创造出的让人惊奇的伟业，实际上，几乎都是极为普通的人兢兢业业、一步一步持续积累的结果。

因此，与其为明天而烦躁，时时刻刻计划未来，不如把力量放在充实每一个今天，把握每一天，过好每一天，这才是让梦想成真的最佳方法。

始终以“受教者”的姿态看待自己

稻盛和夫是一个热爱学习的人，他认为阅读不只是为了得到乐趣，而是应该凭借阅读来提升、完善自己，该养成找好书、认真地从中汲取精华的习惯。稻盛和夫总是在下班后腾出一定的时间来读书，或是为客户朗读一段精彩的文字，即使是在夜半时分也沿袭着这一习惯。稻盛和夫在卧室里摆放着许多自己收藏的古典文学和哲学书籍，他甚至在洗澡时也读书。每逢周末，他最大的爱好就是读书。

他经常对身边的人说，一个人不管有多忙，不管在何处，还是应该从有限的时间中挤出一点来读一本好书，并因此有所领悟。当然，生命里最宝贵的一课，还是从经验中学习得来的。“纸上得来终觉浅，绝知此事要躬行。”但是，通过阅读，可使这些经验更有意义。此外，书本可以给予我们精神上的“激发”，告诉我们那些没有机会亲身经历的体验。

一个人无论取得了多大的成就，都应该以“受教者”的姿态看待自己，每个人学到的知识都是有限的，通过自身经验和学习得来的他人经验，可使我们建立起引领人生走向成功的精神架构。这是稻盛和夫先生用行动告诉我们的道理。

一个博士生以优秀的成绩毕业后被分到一家研究所，并且成为同事中学历最高的一个人。

有一天他到单位后面的小池塘去钓鱼，正好正副所长在他的一左一右，也在钓鱼，他只是微微对他们点了点头，觉得和这两个本科生没什么可聊的，而且还有失自己博士生的身份。

不一会儿，正所长放下钓竿，伸伸懒腰，从水面上如飞地走到对面上厕所。博士眼睛睁得快掉下来，水上漂？不会吧，怎么可能？这可是一个池塘啊，但是正所长上完厕所回来的时候，同样也是从水上漂回来了。

怎么回事？博士心里十分纳闷，但又怕丢面子，没有开口。

过了一阵，副所长也站起来，飘过水面上厕所，这下子博士更是差点昏倒，心想：不会吧，到了一个江湖高手集中的地方？

博士生也想上厕所了，但是这个池塘两边有围墙，要到对面厕所非得绕十分钟的路，而回单位上又太远，怎么办？博士生也不愿意去问两位所长，憋了半天后，也起身往水里跨，我就不信本科生能过的水面，我博士生就不能过吗？

只听到扑通一声，博士栽到水里去了，两位所长把他拉了出来，博士不甘心地问道："为什么你们可以走过去呢？"两位所长相视一笑："这池塘里有两排木桩子，由于这两天下雨涨水就在水面下了，我们都知道这木桩的位置，所以可以踩着桩子过去，你怎么也不问一声呢？"

这则小故事告诉我们：一个人学到的知识是有限的，在生活中应该学会不耻下问，尊重别人的经验，善于向他人学习，才能少走弯路，自满自大的人总有一天会吃亏的。

子曰："敏而好学，不耻下问。""问"是作为一个为学者首要具备的，我们要勤学好问，每个人都不是完人，每个人都会遇到或多或少的问题，这时，我们应该以"受教者"的心态虚心请教。"三人行，必有我师焉。"我们不懂的问题，总有他人能够解决的。

在科学技术迅猛发展的信息时代，知识更新越来越快。个人用十几年所学习的知识，会很快过时。生活在这个时代的我们如果不再学习更新，马上就进入所谓的“知识半衰期”。据统计，当今世界90%的知识是近30年产生的，知识半衰期只有5~7年。人才学上的“蓄电池理论”告诉我们，一块高能电池的蓄电量是有限的。只有不断地进行周期性充电，才能可持续地释放能量。那种一次性“充电”即可受用终生的时代，已成为历史。因此，对每一个人来说，学习是永远没有止境的。我们一定要坚持不断地为自己“充电”。

“书山有路勤为径，学海无涯苦作舟”，人生是一座高峰，在我们一步一个脚印地往前攀登的过程中，在我们披荆斩棘，于困难中疲乏无力的时候，学习，就像一股清泉注入我们中，在之后的路上我们的脚步将会更加坚定。

真诚带来爱与和谐

稻盛和夫在一次演讲中曾说过一句发人深省的话：“你的存在，就是我之所以存在的原因。这么想才能得到和谐与平和。”这是他对真诚的理解。

稻盛和夫强调，真诚是一切关系的基础。只有拥有真诚的心才能得到幸福和成功。

真诚的关怀，温暖芳香；真诚的赞扬，催人向上；真诚的交流，获取信任；真诚的合作 ，赢得成功……真诚是春风，它拂去了心灵的微尘；真诚是雨露，滋润着友谊的花朵。真诚给我们希望给我们力量，真诚不是智慧却常常放射出比智慧更诱人的光芒。

在美国南北战争期间，有位年轻人找到林肯，要求他开一张去南方的通行证。林肯说："战争正在进行，你去南方干什么呢？"

年轻人说："去探亲。"

"那你一定是个北方派，你去劝说一下你的亲友们，让他们放下武器。"林肯高兴地说。

那年轻人说："不！我是个南方派，我要去鼓励他们，要他们坚持到底。"

林肯很不高兴："年轻人你来找我干什么？你以为我能给你通行证吗？"

年轻人沉着地说："总统先生，我在学校读书时，老师就给我们讲过你的有关诚实的故事，从此，我便下定决心向你学习，一辈子不说谎。我不能为了一张通行证而改变自己说话做事都要诚实的习惯。"

林肯被年轻人真诚的话语打动了："好吧，我给你开一张。"说着，在一张卡片上写下了这样一行字："请让这位年轻人通行，因为他是一位信得过的人。"

这位年轻人用他的真诚打动了林肯，人生的道路上会有许多波折，然而真诚最终总能穿过重重障碍，直到理想的彼岸，因为它首先穿过的，就是人们的心灵。

为人处世不仅需要一定的技巧，更要付出真诚，因为真诚是一把金钥匙，能为你打开一扇扇成功之门。

李嘉诚曾经说过："可以毫不夸张地说，个人企业就像一个大家庭，每一个员工都是家庭的一分子。就凭他们对整个家庭的巨大贡献，他们也实在应该取其所得，所以说，是员工养活了整个公司，公司应该多谢他们才对……对我自己来说，股东相信我，我能为股东赚钱则是应该的。我一向这样想：虽然老板受到的压力较大，但是做老板所赚的，已经多过员工很多，所以我事事总不忘提醒自己，要多为员工考虑，让他们得到应得的利益。”

在工作中，如果管理者能够真心诚意对待员工，一定会激发下属的无限潜能；反之，员工可能会给你制造一些麻烦。在实际工作中，管理者对待员工最重要的是真诚地关心下属，要设身处地为他着想。

这是一个发生在英国的真实故事。

有位孤独的老人，没有子女又体弱多病，他决定搬到养老院去。老人宣布出售他豪华的别墅。购买者闻讯蜂拥而至。别墅底价 8 万英镑，但人们很快就将它炒到了 10 万英镑，而且价钱还在不断攀升。

老人静静地坐在沙发上，满目忧郁。是的，要不是孤苦伶仃，疾病缠身，他是不会将这栋陪他度过大半生的住宅卖掉的。一个衣着朴素的青年人来到老人跟前，低声说：“先生，我好想买这栋住宅，可我只有 1 万英镑。”“但是，它的底价就是 8 万英镑啊，”老人淡淡地说，“现在它已经升到 10 万英镑了。”青年并不沮丧，诚恳地说：“先生，如果你把住宅卖给我，我会让你依旧生活在这里。和我一起喝茶、读报、散步，天天都快快乐乐的——相信我，我会用我的整颗心来时时关爱你。”老人面带微笑聆听着。突然，老人站起来，挥手示意人们安静下来：“朋友们，这栋住宅的新主人已经产生了。”老人拍着身旁这位青年人的肩膀说道：“就是这个小伙子！”

青年令人不可思议地买下了别墅，成了别墅的主人。

与人交往若是离开了真诚，就没有友谊可言，一个真诚的心声，才能唤起一大群真诚人的共鸣。我们待人接物时应秉持真诚的品性。只有这样，心灵才会美好，才会愉快地生活每一天。

一个人如果有了真诚，就会变得心灵善良，变得心胸宽阔，变得心底坦荡；用真诚来对待一切，同时也会获得真诚的收获。

在拥挤的公共汽车上，经常可以听到这样的对话:“哎，真对不起！踩着您了！”“没关系，没关系！”被踩着了是常有的事，有时还挺疼，但这不要紧，因为有那句悦耳的“对不起”。也许这是一句很轻很轻的话语，可分量却是沉甸甸的，你会感到对方发自内心的真正歉意和诚挚的问候，心里仅存的怨气便宛如云烟散去。有人说，人与人之间的真诚好说难觅，其实只要你用心，真诚也不难寻找：忙碌中送上一杯清水，遇见时主动一个微笑便可换来另一杯清水和另一个真诚的笑容；真诚也在和朋友们相处的日子里，一个眼神、一分微笑，甚至是一张小小的字条，都可以让人无比欣喜，因为那里面包含了太多的坦诚与希望。

正如那句名言所说“如果你心灵不美，你就看不见美好的事物”。如果你不主动付出真诚，又如何能期待着他人真诚地向你付出呢?

修身养性的关键在于克己

古人有云：“人能克己身无患，事不欺心睡自安。”

金无足赤，人无完人。人性中有很多弱点，好吃懒做、自私自利、贪婪无度、骄傲自满……在漫长的一生中，正如稻盛和夫先生所说的那样，一个人的最大成就就是使自己的心性较出生之时变得更加美好。这也是生命的任务。

“修身，齐家，治国，平天下”，这是儒家所奉行的人生之道，也是我们现代人所追求的境界。当我们迈出脚步的时候,需要征服一座山，那就是我们自己。

征服自己是最重要的。第一位成功征服珠穆朗玛峰的新西兰人埃德蒙·希拉里对此体会深刻。“如果不能很好地掌握自己，你将没有机会把所有潜能发挥出来，你也就很难改变你的人生。”在他之前，那么多勇敢的登山者都失败了，但是，希拉里成功了。在被问起是如何征服这世界最高峰时，希拉里回答道：“我真正征服的不是一座山，而是我自己。”这种优秀的品质就叫作意志力、自制力或克己自律。

雪崩、脱水、体温降低，以及 8840 米高山上的缺氧，加上生理和心理上的极度疲劳，是希拉里通往这座世界最高峰的路上的重重障碍，但是，在这个艰难的过程中，他克服了外部的艰苦环境，同时也克服了自己恐慌、怯懦、想要退缩的心理，在经过一番挣扎之后，他选择了坚持。实际上，他在完成这件很难做到的事情时，在“磨炼法则”的作用下，也开发出自己更强的意志力、自制力等。

克己，是自制力的一种表现，自制不仅仅是在物质上克制欲望，对于一个要想取得成功的人来说，精神上的自制力也是重要的。

如果你今天计划做某件事，但早上起床后，因昨晚休息得太晚而困倦，你是否义无反顾地披衣下床？如果你要远行，但身体乏力，你是否要停止旅行的计划？如果你正在做的一件事遇到了极大的、难以克服的困难，你是继续做呢，还是停下来等等看？

像这样的问题，若在纸面上回答，答案一目了然，但若放在现实中，你身在其中，自己问自己，恐怕也就不会觉得很容易了。

中华传统文化非常强调修身，并强调“一是皆以修身为本”。提高自身价值要通过修身，修身才能使人超越原生状态而进入自觉追求崇高的境界。修身离不开克己。克己并不是叫人一味逆来顺受、忍让退避。要知道一切进德修业的积极行为都免不了要克服自己身上的弱点。

生活在社会中，为了更好地适应社会，取得事业上的成功，我们有必要控制自己的情绪情感，理智地、客观地处理问题。感情是可贵的，但不能感情用事。如果说感情能骤然爆发出事业成功的力量，那么理智则是通向事业成功的桥梁。感情一旦失去了理智的约束，就难免会把人带入失败的深渊。

克己，是制怒的前提。克己就是克制自己的激愤情绪。

在影片《林则徐》中，有这样一个镜头：

林则徐为了禁烟来到广州，获悉：广东海关督监豫坤和洋人内外勾结、狼狈为奸，破坏禁烟。林则徐怒不可遏，把茶碗用力一掷，当茶碗在地上碎裂时。他一抬头，看到自己挂在正堂中的一幅字——“制怒”。

林则徐由此而警觉，恰当地控制住自己的感情。第二天，他若无其事，依然热情接待豫坤，经过巧妙周旋，终于让豫坤交出了修建虎门炮台的银两。

从林则徐制怒的故事里，我们可以得到一个启示:怒是可以克制的。这里主要讲的是克制自己的情感。通过加强自身修养，提高文化素质，就可以逐步达到“每临大事有静气”强调的修身克己以制怒。

我们要学会克制在人与人正常交往中所不应发之怒，以及在大是大非面前保持冷静的头脑，做出理智判断的处理方法，这样才能为成功提供保障。

克己，不仅仅是人的一种美德，在一个人成就事业的过程中，它也可助我们一臂之力。有所得必有所失，这是定律。因此说，一个人要想取得并非是唾手可得的成功，就必须付出自己的努力。

稻盛和夫说，人最难战胜的是自己。的确，一个人成功的最大障碍不是来自于外界，而是自身，除了力所不能及的事情做不好之外，自身能做的事不做或做不好，那就是自身的问题，是自制力的问题。

一个成功的人，应该是一个能够克己的人：大家都做但情理上不能做的事，他自制而不去做；大家都不做但情理上应做的事，他强制自己去做。做与不做，能否克己而为，就是能否取得成功的因素。

忠告 3

做人要低调，做事高标准

心胸开阔，才能察觉出生命的至福

一个人生活在社会的大家庭当中，总要与人相处，与外界发生着各种联系。学会与他人和谐共处，建立融洽的人际关系，是幸福与成功的必要条件，在这个过程中，最重要的是豁达大度，要善于容纳与自己志趣、爱好和风格不同的人。

法国大文学家雨果曾经说过：“世界上最宽阔的是海洋，比海洋更宽阔的是天空，比天空更宽阔的是人的胸怀。”

一个人，如果真的拥有了比天空和海洋还宽广的胸怀，那他遇到什么矛盾和难题，都会想得通，都会正确地处理，这种宽宏大度是一种美德，是一种风度，是一种仁爱的无私境界。

心胸开阔，才能察觉出生命的幸福与美好，人生之路要以宽待人，成功之路更是要以宽广的心来对待。这是稻盛和夫想要告诉我们的一条处世哲学。

中国有一句古话：“壁立千仞，无欲则刚；海纳百川，有容乃大。”心胸宽阔，是中国人的传统美德。

古代有个叫张崇的人，年轻的时候在山坡上放牛，没多久张崇便不知不觉地打起盹来。这时，他被一声牛叫惊醒，他看到自己的邻居蹑手蹑脚地抓起缰绳，把自己家的牛牵走了。

张崇并没有马上喊叫起来，他很了解这个邻居的情况，由于家里贫困，邻居家已经很久没吃上肉了。张崇从地上起来，不动声色地跟在邻居后面。

到了邻居家后，张崇看到邻居正在磨刀，看样子是要宰牛。此时，邻居发现张崇立在一旁，顿时满脸羞愧，拿刀的手不知往哪里放。张崇并没有责怪邻居，而是对他说了一个故事。

原来，张崇小时候家里的日子过得很艰难，常常吃了上顿没下顿，一次，他跑到一户人家的地里，偷了一个西瓜，主人发现后并没有说什么，而是从地里又拿来西瓜给张崇吃，临走还让他捎上几个。

过了十几年，张崇在京城当了官，经常对手下人讲起这两个故事，他说："我用我自己的行为去感染对方，这要比责骂杀头有用得多，如果天下人都这么做，那么我们就能看到太平之世了。"

在事业上，一个优秀的领导者用人需要雅量，用人的时候，不是看谁跟你有过节，谁跟你关系最好，而是看谁最有能力，谁才是你最需要的人才。一个企业领导，要是能做到像齐桓公这般不计个人恩怨，就是企业发展的又一个契机，只有有了开阔的心胸，才会客观公正地评价人、举荐人、选拔人、使用人，才会科学地办好事、办实事；有了开阔的心胸，才会有威信，才能感召部属、团结同志，把全体员工的力量聚集起来大家心往一处想，劲往一处使，"山不辞土故能成其高，海不辞水故能成其大"。无论一个人还是一个集体，要成就大事业，创造骄人的成绩，必须有高山的气度、大海的胸怀，勇于吸收好的东西，使之为我所用。山锐则不高，水狭则不深。心胸狭隘，是难有大作为的。

稻盛和夫认为，用开阔的心胸容人容事，是一种精神、一种品质、一种境界，它使人们具备一个比海洋、比天空更为宽广的内心世界。拥有开阔心胸，能容纳万事和万物，能化解冲突和误会，能平衡喜怒和哀乐，能经受胜利和挫折，能善待艰难和幸运，能战胜狭隘和固执，能超脱世俗和诱惑，能丢弃烦恼和失落，能保持清醒和愉快，能拥有朋友和交流。

宽广的胸怀能包容大千世界，使千差万别迥然不同的人和谐地融为一个整体，能化解矛盾的芥蒂，消除猜疑、嫉妒和憎恨，做一个心胸宽广的人。当人类从“小我”中走出来，精神升华净化了，就会心态平衡，不会再小肚鸡肠，不再为烦恼所困，在这个和谐美好的世界里你将会嗅到幸福的芳香。

最尊贵的行为，就是为他人奉献

高尔基曾说：“你要记住，永远要愉快地多给别人，少从别人那里拿取。”在现代的生活中，在日趋激烈的竞争旋涡中，很多时候，我们变得以自我为中心，总想着别人应该给我们什么，却很少去思考自己应该为别人奉献什么。

稻盛和夫成功的事业中，“利他”、“学会奉献”的经营理念给我们一个思考人生的平台。稻盛和夫认为，人活一生，并不是非要做出惊天动地的大事才有意义，我们不能使自己伟大，但可以让自己崇高，平凡的工作岗位同样能够体现一个人的价值，忠于自己的本职，尽最大努力对社会做出奉献，就是一个了不起的人。

“利他，学会奉献”同时也是稻盛和夫的经营之道，在获取个人利益的同时，也不忘奉献社会。

京瓷公司的经营理念是："在追求全体员工物质和精神两方面幸福的同时，要为人类社会的进步和发展做出贡献。"企业经营的首要目的是实现员工的幸福生活。但是，如果仅仅如此的话，那将是为某一个企业牟利的自私行为。作为社会的公器，企业有为世界、为人类尽力的责任和义务。

正因为如此，京瓷公司在开展后来业务时也很顺利。这时，从利己经营转变为利他经营，这种经营理念正在传播开来。

创业伊始，稻盛和夫就用心这样来经营。创业数年后，公司经济基础得到稳固时，把年终奖金交到一个个员工的手里以后，建议他们考虑一下拿出奖金的一部分捐献给社会。职工拿出一点点钱，公司也提供与其等同额度的钱，捐献给那些连新年年糕都买不起的穷人。员工们对此很赞同，爽快地捐献了一部分奖金。这是京瓷公司今天所从事的各种社会贡献事业的开端，这种精神今天仍在继续没有改变。

也就是说，从创业不久起稻盛和夫就努力实践利他精神，即把自己辛勤汗水的结晶哪怕是一小部分用于他人，使它有益于社会，为他人做出奉献。

出于"奉献于社会、奉献于人类的工作是一个人最崇高的行为"的个人信念，在 1985 年，稻盛和夫创设了"京都奖"。投入他所持京瓷公司的股票和现金等个人财产 200 亿日元成立稻盛和夫财团，挑选出尖端技术、基础科学、思想艺术等各个领域取得优异成绩、做出杰出贡献的人士进行表彰，颂扬他们的功绩。

由于京瓷公司发展的结果，稻盛和夫的个人资产也与日俱增，但是他知道这是在大家的支持和帮助下获得的，决不能据为私有，稻盛和夫认为，社会给他的，或者说社会暂时给他保管的资产要以有益于社会的形式回馈于社会才符合道理。

在稻盛和夫的企业经营取得巨大成功的同时，他的社会慈善事业受到高度评价，在 2003 年，他被卡内基协会授予“安德鲁 · 卡内基博爱奖”。在过去的获奖者中，有比尔·盖茨，乔治·索罗斯，特德·塔纳等世界级慈善家。稻盛和夫作为第一个获此殊荣的日本人，在颁奖仪式上这样说道：“我是工作‘一边倒’的人，我创办了京瓷和第二电信两家企业，并幸运取得了超出预想的发展，也积累了一大笔财富。我对卡内基说的‘个人的财富应该用于社会的利益’这句话十分认同。因为我自己以前也有这样的想法，财富得自于天，应该奉献于社会、奉献于人类，因此我着手开展了许许多多的社会事业和慈善事业。”

俗话说“君子爱财，取之有道”，稻盛和夫认为，除此之外“君子疏财亦有道”，在他的人生中，“用利他精神赚取的钱财应该以利他的精神使用”是他一直坚持的信念，他怀着一颗乐于奉献的心，用这样正确的“散财”方式为社会做贡献。

最尊贵的行为，就是为他人奉献什么。虽然不是每个人都可以取得像稻盛和夫一样的伟大成功，但以奉献的名义，我们应该身体力行的是：以仁爱之心待人，以敬重的态度从业；善待自己，尊重他人；付出你应该付出的，给予你能够给予的。实实在在地做人，兢兢业业地做事，力所能及地给予，在奉献的过程中塑造我们美丽的心灵！

虔诚的感恩发自内心最深处

每一棵小树的成长，离不开阳光雨露的滋润；每一朵鲜花的盛开，离不开青枝嫩叶的陪伴。所以，树会感恩，它撑出一片绿荫，给人一片阴凉。所以，花会感恩，它“落红不是无情物，化作春泥更护花”。

那将是一件多么幸福的事情，一大早出门，看到周围的人，脸上都洋溢着善意的笑容；坐上公交车，为一个老人让座，一句轻轻的、发自内心的“谢谢”，如一阵暖风将因拥挤而产生的烦躁之气吹散，怀着一颗感恩的心开始一天的新生活。

韦利是一个患有先天性心脏病的小男孩，但他开朗活泼，和所有的人都能成为朋友。正是因为他的乐观和快乐，很少有人知道他是一个可能随时离开人世的高危病人。

韦利有早起晨练的习惯，尽管医生不让他做高强度和剧烈的运动，但是韦利还是愿意早起看看太阳，看看一天的开始是如何地美丽。那是一个薄雾和轻烟笼罩的早晨，韦利走到城市中央广场的时候，发现一个人倒在地上，脸色发紫、呼吸微弱，显然他正处在危险之中。韦利早已知道心脏病发作时的痛楚，他对这个陌生人的痛苦感同身受。四周很静，真正晨练的人一般不会来这里，而韦利知道自己一个人无论如何也扶不起地上这个身材高大的人，怎么办？时间来不及了，韦利顾不上医生的警告俯身拉起他的衣服。就这样，12 岁的韦利用尽全身力气一点点地把这个人在地上拖行了 200 米。终于有人发现了他们，韦利只说了“快送他去医院”，便昏倒在地。

韦利醒来后看到的是陌生人一脸的关切和自责，他说自己因贪杯醉倒在街头，如果不是韦利救了他，医生说他会冻死在那里。陌生人愧疚地说：“对不起，医生告诉我心脏病差一点就要了你的命，你是在拿你的命救我。真不知道该如何感谢你！”韦利笑了：“我现在没事了，你也没事了。这就是最好的感谢！”陌生人一定要报答韦利。韦利想了想说：“我真的不需要你对我有什么报答，只是希望你能像我救你一样，尽自己的所能，去救助比自己的处境还要差许多的陌生人，我想这就足够了。”

许多年过去了，韦利活过了比医生的预言长数倍的时间。他还是和以前一样乐观，并且真诚地对待每一个人，在别人需要的时候尽自己所能帮助别人。但是病魔还是在一个冬天的早晨将他击倒。当时韦利正在一个很偏僻的地方散步，忽然感到心口一阵剧烈的疼痛，韦利挣扎了几下终于支持不住倒在了地上。

韦利醒来时发现自己躺在医院里，身边站着一个十几岁的男孩，正瞪着一双大眼睛关切地看着他。韦利很感激地握住男孩的手说："谢谢你，孩子，你救了我。你是怎么发现我的？"男孩很开心的样子："我早上要去爷爷家陪他，正好路过那个地方，看到你躺在地上，我就想起了爷爷说他年轻的时候被一个和我一样大的男孩救起的事。我想我也一定能够做到，于是，赶紧叫来了救护车，回去后一定要告诉爷爷，他告诉我要尽力帮助每一位需要帮助的陌生人，我今天做到了。"

那个男孩的爷爷，正是韦利当年救起的醉汉。韦利不知道该如何形容自己的心情，一次对人施与援手竟会带来一生受用不尽的恩惠。

对生活怀有一颗感恩之心的人，即使遇再大的灾难，也能熬过去。感恩者遇上祸，祸也能变成福，而那些常常抱怨生活的人，即使遇上福，福也会变成祸。

感恩是爱的根源，也是快乐的源泉。如果我们对生命中所拥有的一切能心存感激，便能体会到人生的快乐、人间的温暖以及人生的价值。班尼迪克特说："受人恩惠，不是美德，报恩才是。当他积极投入感恩的工作时，美德就产生了。"

稻盛和夫曾经说过："我们之所以能够生存下去，不是依靠我们自身的力量，而是应该感谢宇宙万物。"这种感恩之情是内心的自然流露。

在稻盛和夫的人生理念中，企业家道德价值要有七种品质，首先就是要学会感恩。在他看来，企业家所获得的一切成就都是社会赐予的，应当从内心里感谢社会和他人给你的厚爱。

无论在事业上还是在日常生活中,感恩应该是发自内心的。俗话说:“滴水之恩,涌泉相报。”你可曾想过,在成长过程中,父母、亲友、朋友、老师……为你付出的不仅仅是“一滴水”,而是一片汪洋大海。当父母为了你辛苦工作了一整天,拖着疲惫的身子回家时,你有没有递上一杯暖茶?当父母生日的时候,你是否记起,并为他们送上节日的祝福?当父母心情失落的时候,你有没有奉上温暖的问候?他们往往为了我们倾注了心血、精力,而我们何曾体会他们的劳累,何曾察觉到他们鬓角的缕缕银丝,何曾察觉到他们额头的那一丝丝皱纹?感恩需要你们用心去体会,去报答。

学会感恩,应该是学会做人的一条最基本的标准。

在 2010 年温哥华冬奥会女子短道速滑 500 米决赛中,王濛以 43 秒 48 的成绩夺得金牌,成为中国冬奥会历史上第一位成功卫冕的冠军。

当王濛冲过终点之后,先与场边的教练李琰击掌相庆,再次侧身而过时她奋力冲向护栏与眼睛湿润的李琰紧紧地抱在一起。高举着五星红旗绕场一周向观众致意之后,她又滑到教练席跟前,双膝跪地,用中国人的最高礼仪向领导、教练、队友们磕了两个响头。那一刻,让我们感动的,不仅仅是她喜悦的泪水,还有她诚挚的感恩。

赛后,王濛解释了夺冠后下跪这一举动:“这是我感谢教练的方式,她让我知道了短道速滑 500 米到底该怎么滑。这两个头一个感谢教练,一个感谢我的领导、我的队友和医务人员。”

四年前那一幕我们仍然记忆犹新:初出茅庐的王濛一鸣惊人,在都灵冬奥会上夺得女子短道速滑 500 米冠军,颁奖时她一个鱼跃跳上领奖台,傲然独立,颇有初生牛犊不怕虎的气势。但 2010 年成功卫冕后,她放弃了唯我独尊的姿态,先与获得银牌和铜牌的选手握手,然后才站上冠军的领奖台。此时的她，懂得了感恩。

懂得发自内心地感恩，使得王濛显得更加成熟和大气，也赢得了观众更多的掌声和尊重，帮助她在人生的道路上走得更远。

人总要长大的。换言之，是自己慢慢学着长大。在人生的道路上一步一个脚印，或深或浅记录着芸芸众生成长的深度。成长越慢的人往往受的伤就会越多，面对种种伤痕我们要做的不仅仅是承受，更多的是要感恩。大树对滋养它的大地感恩，白云对哺育它的蓝天感恩，感谢那些帮助过我们的人，因为感恩才会有这个多彩的社会，因为感恩才会有真挚的感情。

以谦卑的心对待一切

有一种石头，它隐于山林，没于草间，不为人知，它长得普普通通，并不像周围的同伴般棱角分明。经过千百年的风吹雨打日晒，它仍保持着秉性，谦卑地隐藏于草莽中。将它精心地雕刻成一座石像，立于万人之前，就会受人膜拜敬仰。

有一条小溪，它流过小村地头，流过顽石水草。它知道在它的前面，还有大江大河，还有大海。它知道它的渺小，于是它谦卑地流着，流向大河，又让大河载着它奔向大海。于是，它清澈的小水滴，也成了凝聚大海广阔胸怀的一部分。小溪的水，也由此得到永恒的价值。

有一棵小草，它与同伴长于山冈，看着日出日落，吮吸着大地乳汁。小草不想长高，它想避免与同伴争夺阳光与雨露，它想同伴先长高长大，它再开始成长。同伴没有等它，渐渐将其遮掩。小草不再挺立，小草渐渐枯黄。小草最后只化为泥土中的养分，为同伴的成长尽一份力。

人生，其实也是如此。怀着一颗谦卑的心，在喧闹浮躁的社会，默默地向着宁静的地方前进，要保持着一颗向上却不浮华的心，这样的人，因为他谦卑，结果就会被认可和提拔。

有一种态度，叫谦卑。适当的谦卑，会给你一片天。

一位出身富有的学生趾高气扬地夸耀他家在雅典拥有一望无边的肥沃土地，老师拿出一张世界地图请他指出亚细亚在哪里。

“这一大片全是。”这个学生指着地图扬扬得意地回答。

“希腊在哪里？”老师又问。学生好不容易把希腊找出来。

“雅典在哪里？”老师再问。“好像是在这儿。”学生指着地图上的一个小点说。

“你家那一望无边的肥沃土地在哪里？”老师问他。这个学生尴尬极了，他不可能在地图找出这一片肥沃的土地。

在生活中类似的现象很多，有的人往往把他所拥有的看得很大。其实不管我们拥有什么，拥有多少，和整体比起来都是极渺小，而不值得夸耀的。无论对待什么，都持一颗谦卑的心。

在稻盛和夫看来，谦卑不仅仅是一种美德和修养，它还是一种社会意识、一种政治智慧、一种人生感悟、一种哲学思考。

当整个欧洲大陆都在赞美牛顿的时候，他谦卑地说：“我之所以比别人看得远，是因为我站在巨人的肩膀上。”

“世界水稻之父”袁隆平的伟大之处，不仅在于他在世界粮食科学研究上的巨大贡献，而且在于他表里如一和自始至终的谦卑。虽然贵为中国科学院院士和董事长，但他毫不掩饰地说：“我就是一个农民的儿子，没什么了不起。”

伟大而谦卑的人物，并非出于纯粹的谦虚谨慎和常规的礼节礼貌。他们的智慧与胆略超越了常人。他们的思想与品德超越了平凡。他们因谦卑而伟大；他们又因伟大而谦卑。谦虚谨慎，似乎人人皆可做到；但谦卑却非常人所及。

有这样一个哲理小故事：

南泉普愿禅师将圆寂的时候，首座弟子问道："师父百年后，向什么处去？"他说："山下作一头水牯牛去。"弟子说："我随师父一起去。"禅师说："你如果想随我去，必须衔一茎草来。"在举世滔滔求净土的时代，愿做一头山下的水牛，这是真正的谦卑。

作家林清玄说过："我要谦虚卑微一如山上的一株野草。谦卑的野草是自在地生活于大地，但野草也有高贵的自尊，顺着野草的方向看去，俯视这红尘大地，会看见名贵高级的人住在拥挤的大楼，只有一个小的窗口。我不要人人都看见我，但我要有自己的尊严。"

谦卑让我们的双脚真正立于坚实的大地上，谦卑让我们的眼界真正放在广袤的宇宙间，谦卑让我们懂得了天有多高、地有多厚。

谦卑出于博大的胸怀、伟大的理想、深邃的远见、高尚的情操和科学的理性。

没有谦卑，也许我们照样可以活得挺好；没有谦卑，太阳依旧东升西落，地球照样旋转，江河依旧奔腾。但终将有一天，自高自大、自以为是和自我陶醉的我们，会被历史的车轮压得粉身碎骨，会因当初的自大悔恨不已。亲爱的朋友，你是选择谦卑还是自大呢？

要解决复杂的事情，必须先提高心灵的层次

有一句英国谚语这样说道："良好的心是花园，良好的思想是根茎，良好的语言是花朵，良好的事业就是果子。"

若想在花园中种出最美丽的果实，就必须拥有美丽的心灵。

“磨砺心智，努力提高心灵的层次”，这是稻盛和夫先生对我们人生发展的诚恳建议。他认为，具有纯朴的心地，美好心灵的人就是好人，就会散发人性的魅力。人生的道路都是由心来描绘的。所以，心灵是我们做好一切事务的基础。

自省与人格磨砺是自我提升心灵层次的一个重要途径。作为砥砺心灵的指针，稻盛和夫根据自身经验总结出以下“六项精进”，告诉给周围的人。这六项精进分别是：付出不亚于任何人的努力，戒骄戒躁，每天自我反省，感谢生命，行善积德，摒弃掉感性所带来的烦恼。

将这些看似平凡、理所当然的东西，一点点坚持实践下去，直到融入日常生活中。重要的不是把名家名训装裱镜框之中，高悬于家壁之上，而是落实到日常的生活当中去，这样对我们的发展一定有很大的益处。

稻盛和夫在一次演讲中强调，作为一个领导者，应该具有良好的品德和美好的心灵。一个具有健全人格和美好心灵的人对企业的发展有极其重要的作用。在企业里经营者被授予极大的权力，但是这种权力的行使，应该是为了保护员工，为员工创造幸福；而不可以用来压制员工，不可以用来满足经营者个人的欲望。作为经营者自己要率先垂范带头实践这种哲学，不断努力提升自己的心灵层次。如果这样做，企业就一定能发展，而且能够长期持续繁荣昌盛。

存着一颗美好心灵的人，又怎么会没有一个美好的人生呢！

稻盛和夫说，一个人的内心的美丽与丑陋，影响着他的人生观、世界观以及与他人的相处方式和行事作风，对一个人的人生方向具有导向的作用。

如果没有良好的心灵层次，那么你就不能身心合一地去执行你的信念；如果没有良好的心灵层次，你就不能从容自然地在所有环境中坚强而有力量地成长；如果没有良好的心灵力量，也许一阵风雨即可让你摇摇欲坠，随时堕落。

不管处于什么位置的人，都需要持续地提升心境，否则外界的信息就会很容易摇动你心中的帆！只有美好的心境才会拥有美好的目标，这样才会实现美好的愿景。

忠告 4

把挫折和苦难看作磨炼自己成长的机会

年轻时的挫折和考验是磨炼自己的机会

古语有云 ：“故天将降大任于斯人也，必先苦其心志，劳其筋骨，饿其体肤，空乏其身。”

我们年轻的时候，大部分人都经历过许多失败和挫折 ；同时，也有人年轻时就获得成功，事业有成，过着似乎一帆风顺的生活，这种人真幸福，许多人或许都这么想，每个人都希望自己的生活里充满鲜花和掌声。

稻盛和夫向我们讲述了这样一个道理 ：无论是挫折还是成功对于我们而言都是考验和磨炼自己的机会，神灵给予我们灾难或幸运，应该把这些作为精神食粮，直面考验，走好此后的人生。

学会直面考验，稻盛和夫以他的亲身经历向我们阐明了这一道理，这是发生在稻盛和夫故乡的一件事。

当时在稻盛和夫的故乡鹿儿岛举办小学同学会。“希望稻盛和夫出席，你来了，同学们就会过得很愉快。”这么一说，他就参加了。在同学会上稻盛和夫得知，有人经营小店，有人从工薪族退休，同学们有各种各样的经历。稻盛和夫在一般人眼里算是一个成功者，小时一起玩乐的伙伴们同他见面很高兴，因此聚会来了许多人。久别重逢，大家兴高采烈，七嘴八舌。小学时曾当班长的同学对稻盛和夫说了一番话。小学时的班长考上了稻盛和夫没考上的鹿儿岛一中，当班长穿着一中的校服上学时，曾经同稻盛和夫擦身而过，当时稻盛和夫狠狠地瞪了他一眼。

“稻盛和夫用十分怨恨的目光瞪着我，那种目光至今难忘。”他这么说。虽然稻盛和夫已经没有记忆，但他相信班长说的是事实。因为当时的稻盛和夫非常沮丧，他想的是：“初中没考上，自己究竟为何如此倒霉，为什么自己会遭此厄运？”所以，对头脑聪明、能考上好学校的班长，一定抱有羡慕和妒忌的情绪。

班长考上鹿儿岛一中后不久，房子遭空袭被烧毁。从此他就堕落了，一蹶不振。当时战争孤儿很多，街上有许多游手好闲的人，班长入了他们的团伙，干了不少坏事，此后的人生很不顺利。

“这样下去可不行！”意识到这点后，班长重新开始学习，一直到今天。

从这件事我们可以懂得，年轻时碰到好事也绝不能骄傲，遭遇灾难和重大挫折也不可消沉，应该把这些作为精神食粮，走好此后的人生。

稻盛和夫的小学班长一开始就拼命地努力，因而获得成功。然而当遇到困难的时候，却不知道如何面对，刹那间成功就会变为失败，从此走向没落的人生。

在成长的路上不管失败也好成功也好，都是对我们的一种磨炼和考验，重要的是如何应对。要从正面接受考验，将它们作为动力，持续不懈地努力，在这过程中塑造自己的人格。在这个世界上，有阳光，就必定有乌云；有晴天，就必定有风雨。从乌云中解脱出来的阳光比从前更加灿烂，经历过风雨的天空才能绽放出美丽的彩虹，当跨过这些坎之后，迎接我们的将是幸福的人生！

逆境是重新审视自身再次起步的最佳时机

“宝剑锋从磨砺出，梅花香自苦寒来。”人们也常说，人生难免有挫折。成功对每个人来说都是一件幸运的事，但不是每一个人都能获得成功，成功不是路边的小石子，随处可捡，也不是田间的小草，随意可觅。要成功，有一段漫长的路要走，在这期间是要经过许多挫折的。

对待挫折，法国大作家巴尔扎克说：“挫折是能人的无价之宝，弱者的无底之渊。”强者在挫折面前会愈挫愈勇，而弱者面对挫折会颓然不前。对于逆境，稻盛和夫也给出了自己的看法，逆境是重新审视自身再次起步的最佳时机。

2003 年，大学刚毕业的李克选择了自己创业，而这个决定，源自他大学期间的一段打工经历。大学暑假期间，他进了连锁店避风塘当服务员。由于工作卖力，开学后店长硬是拉着他不让走，不仅提升他为领班，还作出让步同意李克上午上学、下午上班。

“正是这段经历，让我开始了创业之路，”李克说，“避风塘有着规范的经营模式，我管理着 30 多人。毕业后，我觉得自己拥有了创业的能力。”于是，李克在学校附近模仿避风塘的模式开起了茶餐厅。自己动手做室内设计，加上良好的成本控制，只经过四五个月，茶餐厅就开始赢利了。

在茶餐厅经营蒸蒸日上之时，一个人提着 80 万元找到李克，希望和李克共同经营茶餐厅。李克也觉得这是一个可以扩大店规模的机会，便欣然接受。没想到，两人不仅经营思路不同，那个合伙人还有很强的占有欲。李克慢慢觉得自己被排挤了，内讧对于一个企业来说是致命的，餐厅的生意日渐冷清。终于有一天，李克拿着当天的营业额300元净身出户离开了。

由于这次合伙李克竟单纯地连合同都没签，失败让他变得一无所有。

不服输的李克在短暂的调整后，又先后开了饭店和烟酒店，都是小投资，但同样以失败告终。

一连串的打击，让他结束了第一次创业期，进入了一个长达两年的人生低谷。

在这段艰难的时间里，有一天，他无意中看到的一条关于居民寻找家电清洗服务的新闻，让李克觉得这里大有商机。由于这是一个新兴行业，一无所知的他先是研究整个行业的发展趋势，又辗转多个地方进行实地市场调研。在确定了这是个好项目以后，李克便一头扎进当地的一家家电维修部，从零开始，学习基本功，了解家电的内部结构和维修。

苦心学习半年后，有了项目、有了技术的李克开始寻找资金。这次，他吸取了最初的教训，在找到了一个志同道合的出资人的基础上，利用合同对双方的责任义务等做了详细说明。

2006年，李克创办郑州蓝清科技有限公司。白天李克带着仅有的3个员工跑市场、在小区做活动，晚上看营销光盘，现学现用。在洋溢着创业激情的日子里，他丝毫没有觉得累。一个月后，他们迎来了第一笔买卖——40台空调的清洗。虽然钱不多，但足以给李克信心——这个项目是有市场的！

到2009年，蓝清营业额已经突破300万元，净利润也已经增长到

150 万元以上，现在，他在事业上已经取得了不小的成就。

李克创业成功是经历无数次的挫折、失败之后才得到的，在一次次的失败中吸取教训，正视挫折，正确对待挫折，只有这样才能让挫折变成我们走向成功的阶梯。

稻盛和夫指出，成功的路上，有许多事先无法预料的挫折排列着，最后的成功是在用坚毅的精神、伶俐的眼光，从挫折中汲取营养，从失败中吸取教训，从而不断进步。

挫折可以战胜，挫折孕育着成功，而前提是具有坚定的信念和勇往直前的精神。当具备了这些条件之后，挫折就会被你踩在脚下，明天就是拨开浮云见丽日之时。

人生幸与不幸，都要努力不懈地活下去

在众多买彩票的人当中，你中了头彩，这叫幸运；在满大街的行人中，你遭到了车祸，这叫不幸。人生中的幸与不幸不是我们能够预料到的。然而，这种偶然又是必然的，既然是必然的那么就不要谢天谢地，也不要怨天恨地，它都是你应该得到的。

既然幸与不幸都是你生活中所拥有的，无论遇到幸与不幸，都不要过分地兴奋或懊恼，如果你的生活是幸运的，那就再接再厉，将这份幸运最大化；如果你的生活中遇到不幸，也不要灰心懊恼，只要不放弃，努力不懈地活下去，幸运之神也会向你伸出双手。

稻盛和夫在演讲中指出，人生有无限种可能，很多时候幸与不幸是难以避免的。不论你是遇到幸运的事还是不幸的事，最重要的是努力不懈地活下去，总有一天生活会有转机。

人生中的幸与不幸并不是我们可以掌握的。如果没有双臂，你会做什么？如果失去了一条腿，你还能走多远？如果你只有一只眼睛，你的世界又会怎样？这些不幸的人生假设，中国台湾传奇画家谢坤山都遇到了。

谢坤山虽然残疾，但并非一出生就缺手缺脚，他出生于台东的贫穷家庭。从童年时他就必须帮忙父母做生意、打工贴补家用。因此谢坤山小学毕业之后，没有继续就学，而是到工厂去打工。后来举家搬到台北，16 岁时在工厂工作时，因碰触高压电线而发生意外，四肢都被烧焦，经医生抢救之后，只救回了一只脚，在全家陷入绝望之时，谢坤山的母亲勇敢地站起来，告诉医生，只要谢坤山还能活着叫她一声妈，就足够了。自此，谢坤山决定不向沮丧投降，反而自己发明了许多方法吃饭、喝水，甚至还开始学着用嘴咬笔习画。不幸的是，在他跌跌撞撞重新学习生活的这段期间，因意外碰瞎了一只眼睛。

接踵而来的不幸，并没使他屈服，他还是顽强地生活着，在这个过程中，艺术的世界让谢坤山忘记了自己的残疾，通过不断地努力，他终于成了著名画家。

就是这样一个看似极端不幸的人，却成了台湾家喻户晓的著名画家，他的生活没有无尽的灰暗，更多的是快乐与感动，因为在灾难后的那一刻，他选择的表情是微笑。他说：“残废从来没有妨碍我成为一个自在的人，我的衣袖或许空空如也，但我依然能掌握幸福的生活。”因为谢坤山从容的笑容和不变的自信，不幸的生活带给他的依旧是绚美的生命。

幸运也好不幸也罢，只要努力地生活，生活就会变得轻松自如。不去想天堂的幸福或地狱的不幸，以一颗平常心努力地生活在当下生活在人间。而这世上，没有迈不过去的坎。

有一个不幸者的幸运故事。

一个海难的幸存者漂流到一个荒无人烟的小岛。他不停地祈祷，希望有船来搭救他，可是两天过去了，连船的影子都没看见。

不得已，他好不容易在岛上建了一个简易的窝棚安身，早晨到岛上的树林里找食物充饥。一天中午，正当他用衣服兜着一大兜的果子回来时，却发现他的窝棚起火了，浓烟滚滚。他的心血全被那熊熊的火焰吞没了。

可怜的人不禁仰天长叹："老天啊，你为什么要这样对我？"

他沮丧地坐在海边的沙滩上，一直到黄昏。在夕阳的余晖下，一艘轮船的轮廓越来越清晰。这个人获救了，因为那艘船上的人看到了岛上升起的浓烟，并把它当成了求救信号。

人的一生会遇到很多次的偶然，有的给你带来不幸，有的给你带来好运。不幸也好，好运也罢，我们都要坦然处之，"不以物喜，不以己悲"，并努力地生活，才是人生的最高境界。

幸与不幸如影随形，陪伴在每一个人的左右。幸或不幸，是一种带有极强个人色彩的主观感觉，人们只能依据各自不同的人生观、价值观及思维模式来思考并判断。眼睛总是盯着幸运那一侧，幸运就会被强化，久而久之便会感觉自己处在幸福的簇拥之中；眼睛总是盯着不幸那一侧，不幸则会被放大，久而久之便会感觉自己身陷于不幸的泥淖之中。

一位学者曾告诉人们："想最幸福的事就是最幸福的人"。认为自己幸福的人是最幸福的，认为自己不幸的人是最不幸的。世上有很多事非人力所能左右，很多过程不可逆。改变不了环境可以改变自己，改变不了事实可以改变态度，改变不了过去可以努力于现在。生活像镜子，我们对它微笑，它也会对我们微笑；只有微笑地面对，才会有微笑的人生。

苦难是淬炼心性最好的机会

有人说：每个人都是被上天咬了一口的苹果，如果说你的苦难总是很多，那是因为上天特别喜爱你的芬芳。

没有苦难的人生是不完整的人生。上天永远都是按照自己的意志来摆布人类的生活，我们就是要用自己手中所拥有的去博取上天手中所拥有的。它让你处在特定的环境，是为了萃取精华，最后熔炼成金。

稻盛和夫先生曾经说过，人生在世往往苦大于乐。但是，如果把苦难看作考验，看作磨炼“灵魂”的机会。那么就应当认识到，所有这些都是上天为了塑造我们的灵魂、磨炼我们的心智而赋予我们的机会。

正如一位名人所说：“人刚出生时就像原石，只有经过日后的磨炼，才能成为像光彩四射的宝石。”要想具有优秀的人格，人应该怎样磨炼自己呢？在明治维新时期发挥了关键作用的西乡隆盛可以成为很好的榜样。

西乡隆盛是稻盛和夫非常喜爱的历史人物。他是日本明治维新的元勋，是一位充满传奇色彩的人物，稻盛和夫从小就敬仰他，爱戴他，把他看作心目中的大英雄。稻盛和夫创立京瓷不久，就把西乡隆盛的格言“敬天爱人”奉作社训，挂在办公室里。

西乡隆盛小时候的绰号叫“草包”，是一个毫不起眼的孩子。但是，后来他成为人们所尊敬的、人格高尚的人物，成就了明治维新这一历史的伟业。西乡隆盛在人生中经历过各种各样严酷的考验。

在明治维新发生之前，因为不忍眼见同志孤身遇害，他毅然与一位挚友一同赴死，跳入鹿儿岛附近的海里，结果西乡隆盛被救生还——挚友死亡，西乡隆盛痛苦万分。

后来他又遭遇两次被流放。特别是第二次，他被流放到离鹿儿岛很远的冲永良部岛，被关进不挡风雨的狭小牢房，过着非人的悲惨生活。

然而，就在这严酷的考验中之中，西乡隆盛钻研古典著作，为提升自己而不懈努力。西乡隆盛忍受苦难，而且把这种苦难看成促使自己成长的动力，专心致志，努力磨炼自己的人格。后来当被允许离岛时，西乡隆盛已经成长为具备出色人格、敏锐判断力和卓越远见的人物。众望所归，西乡隆盛成了明治维新的核心人物。

在这段故事中，西乡隆盛教给我们一个非常重要的道理，就是在人生遭遇“考验”的时候，我们该如何行动？在遭受苦难时，是选择屈服于苦难，怨恨世人呢，还是像西乡隆盛一样，不屈不挠，坚持努力，忍受并克服苦难呢？人能否成长，这里就是分水岭。正面面对苦难，不懈努力，把苦难当作淬炼自己品格的最佳机会。就这样，伴随人生的多种考验，人才会茁壮成长。

人只有经过了苦难，才会认识到现在的生活来之不易，也才能更加珍惜现有的生活，才能更加发奋努力地学习，只有在心里深处充分认识到问题的核心所在，才能更好地改正缺点。

苦难是人生的必需内容，它为我们提供了一个磨炼自我的机会。因为人的心性，往往由挫折和苦难得到更大的淬炼和提高。

伟大的音乐家贝多芬的苦难与成就是成正比的，苦难给予他多几分，他的音乐才华就增长几分；苦难逼近他的灵魂几分，他灵魂的光彩就会绽放几分。著名指挥家卡拉扬说：“是苦难成就了他。没有苦难，谁知道会发生什么？”

贝多芬长得很丑，他的脸上还经常长一种疮，一直无法治愈，爱情也迟迟不肯垂青他，他唯一的依靠就是音乐。音乐成了他的生命。当他的音乐才能崭露头角之时，却遭遇了失聪的不幸，对于一个音乐家来说，没有比失聪更可怕的了，但这并没有熄灭贝多芬对音乐的热情，反而是使他的音乐创作生涯到达了顶峰。

人常说：祸兮，福之所伏。每个苦难的背后总是潜藏着无限的祝福，很多时候是我们的眼睛欺骗了我们，在抱怨生活的同时，我们并不知道，穿越苦难的层层障碍，突破它设置的道道关卡，就会看到柳暗花明又一村的美景。

苦难是磨炼自我的一个道场，经历苦难，我们会惊奇地发现，苦难是一朵含苞待放的花朵，它会催生我们体内的能量，让我们逆风绽放。到那时，我们会由衷地感谢上天，感谢它以一种独有的方式逼我们快速长大，让我们在同样的生命长度上比别人多几分坚强，几分沉稳，几分忍耐，几分思考，让我们学会以理智的态度去分析问题，解决问题，从而不断成长。

有这样一句话：苦难是化了妆的祝福。的确，苦难确实会使我们感到痛苦，甚至陷入绝望，但是它比普通的祝福来得更加意味深长，让人品味。洗尽妆容，虽然我们有过苦难，可是我们依然勇敢地面对，只要眼睛没有失去光泽，心灵就永远不会荒芜，走过苦难，我们会收获一份美好和平和。

不能浪费一去不复返的人生

春去春会再来，花谢花会再开。然而，生命的流逝却无论如何也没有再来的时候。

人生如一条缓缓流动的河流，一去不复返，拥有的时候不懂珍惜，一旦失去才知珍贵，到那时，当生活再也找不到停靠的码头，只好带着遗憾于怀念之中无言地漂泊。

“盛年不重来，一日难再晨；及时当勉励，岁月不待人。”我国东晋时期的著名诗人陶渊明也曾发过这样的感叹。“漫漫人生悠悠岁月，几度风雨几度春秋。”人生岁月的流逝，我们谁也无法抗拒。只是当时光匆匆走过，回来再看看，来到这个世界的我们，得到了些什么？是至真的爱情还是至纯的友谊？是彷徨遗憾还是明了醒悟？

人应该如何度过仅有的一生呢？对此稻盛和夫先生给了我们最诚恳的建议：生命只有一次，万万不可浪费，要“竭尽全力”、真挚、认真地继续这种看似朴质的生活，平凡的人也会不平凡。

正是因为他懂得珍惜一去不复返的人生，把生命的价值最大化，才成就了今天的稻盛和夫。

曾看到过这样一个故事：

有一对兄弟，他们的家住在80层楼上。有一次他们外出旅行，回家时发现大楼停电了。他们只好背着大包的行李开始爬楼梯，爬到20楼的时候他们有些累了，哥哥说：“包太重了，不如这样吧，我们把包放在这里，等来电后坐电梯来拿。”弟弟觉得这个提议不错。于是，他们把行李放在了20楼，继续往上爬。

他们说笑着继续往上爬，可是好景不长，到了40楼，两个人累得实在不行了。想到还只爬了一半，兄弟二人开始互相抱怨，指责对方不留意大楼的停电公告，才会落得如此下场。他们边吵边爬，就这样一路爬到了60楼。到了60楼，他们累得连吵架的力气也没有了。弟弟对哥哥说：“我们不要吵了，爬完它吧。”于是他们默默地继续爬楼，终于——80楼到了！兄弟俩兴奋地来到家门口，却发现他们的钥匙留在了 20 楼的行李包里……

其实这个故事也是我们许多人一生的反映：20 岁之前，我们带着亲友的期望，背负着很多的压力、包袱，自己也不够成熟、能力不足，因此步履难免不稳。20 岁之后，离开了众人的压力，卸下了包袱，终于可以全力以赴地追求自己的梦想。可是到了 40 岁，发现青春已逝，不免产生许多的遗憾和追悔，于是开始遗憾这个、惋惜那个、抱怨这个……就这样在抱怨中又度过了 20 年。到了 60 岁，发现人生已所剩不多，于是告诉自己不要再抱怨了，就珍惜剩下的日子，然后默默地走完了自己的余年。到了生命的尽头，才想起自己好像有什么事情没有完成……原来，我们所有的梦想都留在了 20 岁的青春岁月，一个来不及完成的人生之梦。

人生就是如此。许多人不懂得珍惜，在忙忙碌碌漫无目的地生活着，到老年时才后悔莫及，于是开始深深地自责，然后在自责中遗憾走完了自己的一生。

没有人希望自己在人生走到尽头的时候，才攥紧拳头想要拼命抓住未来得及拥有的东西。珍惜生命，不要等到 40 岁后才追悔莫及，60 岁去遗憾抱怨。就从今日起，好好工作，兢兢业业干好本职工作，努力生活，使得自己的生活更有色彩，人生更具意义。

人生的道路漫长而又坎坷，一路走来，会有许多的牵绊、许多的不舍，也许会让我们惶恐、忧虑、不堪重负。当我们学会让自己面对，有满心的执着和努力，把困难带来的精神压力化成一首淡淡的曲子。那我们就会发现，只要学会珍惜人生，顺境也好，逆境也罢，无论什么对我们而言都会是一种收获，哪怕是一种失落一种伤害……辗转于人生的道路上，总会有着诸多的坎坷与迷失。美好的总是简单的，简单的却不一定是美好的。人生亦如此，一路坦途不一定就是美好绚烂的人生，或许正是那几番的痛苦和磨砺，才铸就了生命中的点滴辉煌。

人生一去不复返，人生如酒，岁月如歌，面对这样的人生岁月，请选择——珍惜。

忠告 5

成功 = 能力 × 努力 × 态度

没有努力，再好的远见也是空想

稻盛和夫曾经多次强调清晰而具体的远见对于人生经营的重要性。好的远见之于人，就像远航时彼岸的灯塔一样，给人以正确的方向，能够引导我们向着成功迈进；它给人以坚持拼搏的信心，它给人以希望，每时每刻都鼓舞着我们朝着更高的目标迈进。

然而，如果没有努力，就算是再好的远见也都是不切实际的空想。建筑师将奇思妙想勾画成美妙绚丽的设计蓝图，如果不付诸努力一砖一瓦地加以建设，那再伟大的设计也只是一纸空谈。

这是一个稻盛和夫在实现他的伟大远见过程中的小故事，那时他的京瓷公司还是一个名不见经传的小公司，争做世界一流的企业，努力达到客户苛刻得几乎无法完成的订单要求，但梦想与现实之间的距离，仿佛无法超越。

稻盛和夫先生在京瓷公司创立之初，就有着一个伟大的远见——要将京瓷发展成为“世界第一大陶瓷公司”。然而，当时京瓷只是一个新兴的中小企业，为了拿到项目，为了把他们的远见变成现实，稻盛和夫先生经常承担一些被大型企业拒绝的高技术要求的项目。

京瓷公司在第一次接到IBM公司的大量元器件采购订单的时候，公司上下都非常高兴，因为对于当时毫无名气、规模较小的京瓷公司来说，这是一个提高知名度、宣传品牌的绝佳机会。不过，他们没有高兴太久，看到IBM的规格书时，京瓷的员工们表情凝重了起来。一般的规格书仅仅是一张纸而已，而IBM的规格书足足有一本书那么厚，内容详尽而精确，IBM对零件要求的苛刻程度可见一斑。

京瓷公司经过多次试产，都无法达到IBM的精度要求。终于制成的他们自己以为合格的产品，还是被IBM贴上不合格产品的标签退了回来。看着费尽心力却被退回的产品，面对消极气馁的员工，稻盛和夫先生曾经也想过，也许他们真的完成不了。但是想到争做世界一流企业的远见，稻盛和夫先生认为，他们还要继续努力，要付出百分之百的努力，竭尽所能地、不遗余力地投入，如果做不到这种程度的努力，那么他的远见永远只能存在于脑海中。于是，他鼓舞员工们打起精神，再一次开始了技术攻坚战。

尽管如此，项目进展还是不尽如人意。在公司士气跌入低谷时，稻盛和夫先生对员工表示，一定要“竭尽全力”！

又经过了许多次的努力，他们终于攻克了技术难关，成功制造出了高技术难度的、完全符合标准的精密产品。之后的两年里，京瓷的工厂满负荷运作，订单都在要求的供货期内顺利出厂了。

在欢送最后一辆装满精密产品的卡车离开车间时，稻盛和夫先生不禁感叹：“人类的力量真是难以估计啊！”

在稻盛和夫朝着自己遥远的梦想前进的路途中，还发生了许许多多这样的奋斗故事。但是，从这一个小片段中我们就可以明白，努力、努力、再努力，今天的不可能、做不到都会变成明天的我可以、我能行。

在人生的道路上，没有人能一步就到达成功的终点站。正所谓“锲而不舍，金石可镂”，只有努力不懈，才能达成目标。那些伟大但又遥不可及的远见，只要我们坚持不懈、毫不退缩、一路向前，倾注我们全部的热情与精力，就能使我们的潜能迸发出来，最终完成原本不可思议的任务。

清楚自己的缺点，并极力弥补

歌德曾说过：“一个目光敏锐、见识深刻的人，倘若又能承认自己有局限性，那他就离完人不远了。”芸芸众生之中，能够达到或者接近“完人”境界的人，少之又少。人，最难的就是有自知之明，清楚明白地知道自己的缺点、敢于承认自己的缺点，不是一件容易的事。

正所谓“知人者智，自知者明”，想要成为一个明智的人，不是随随便便就能做到的。正确地认识自己难，清楚地认识自己的缺点更难。老话说：金无足赤，人无完人。我们身上都有优点，也都有缺点。面对缺点，既不能自以为是、无视缺点的存在；也不能畏缩不前，被缺点束住手脚。摆正心态，用一颗平和宽广的心去发现缺点，并努力去克服、去弥补，唯有这样，个人才能进步，社会才能发展。

稻盛和夫从不认为自己能力超群，为何能力普通的他能取得常人不能及的成就、能够成为对社会有贡献的人呢？让我们看一看稻盛和夫的计算方法。

稻盛和夫认为：人生・工作的结果 = 思考方式 × 热情 × 能力。

比如，高智商的人可能在能力这一项上可以得到 90 分，但是他骄傲自大、不屑于努力，只有 30 分的热情，两者相乘，只得到 2700 分。

相反，一个人可能资质平平，没有接受过高等教育，在能力上只能勉强达到 60 分的水平；但是他能够认识到自己的不足，用认真和努力去弥补，以 90 分的热情投入到工作中，那么，他的得分就是 5400 分，同前者相比，多出了足足一倍的成果。

稻盛和夫一直以这个计算方法作为事业发展的思想基石，用得分高的因素去尽力弥补因为缺点而导致低分的因素，两者相乘，最后的结果未必不好。

1984 年，随着通信自由化成为发展趋势，京瓷和其他两家企业都报名参与通信事业。当时的舆论并不看好京瓷，认为京瓷在这三家竞争企业中处于绝对的劣势。因为当时创办的第二电信以京瓷为母体，京瓷本身规模较小，在争夺市场、获取订单方面比较困难；京瓷的管理者稻盛和夫本人又没有通信事业的经验；更重要的是，京瓷没有通信技术的基础，一切都要从零开始，单独开辟自己的通信网络、一步一步地建设基础设施。而其他两家公司只要利用现有的公路和铁路，就能够铺设光缆。然而，第二电信后来却成为这三家企业中最成功的一家。

虽然第二电信在硬件上有诸多缺陷，这也没有，那也没有，但是稻盛和夫能够清楚地认识到他们的不足，并用“软件”来弥补——他们以最高的热情和最强烈的愿望投入到这项新事业当中，快速积累了所需要的技术和经验，取得了惊人的成果。

第二电信非常清楚自身的缺点，如果不是有克服缺点的勇气，那么第二电信根本不会加入到通信事业的竞争中去；如果不是全力以赴地用足够的热情和干劲儿去弥补缺点，那么第二电信也不会取得成功。

我们在工作和日常生活中也是一样，在学业上，如果智商平平，就用汗水来弥补、争取好的成绩；在市场竞争中，如果实力不足，就用诚意去感动客户；在待人接物时，如果不擅言谈，就用行动说明一切。

总之，我们首先要有认清自身缺点的诚心和虚心，还要有极力弥补缺点的恒心和决心，能做到这些，成功也就不远了。

态度是消极的，结果亦将为负

“态度决定一切！”这是美国著名演说家罗曼·文森特·皮尔的一句名言。态度是一种神奇的力量，它扎根在人的思想深处，左右着我们的每一次选择。如果说人生就是由每一次选择构成的方程式，那么态度最终也决定了人的一生。

积极的态度能够点燃我们内心的希望，激发沉睡的潜能，让我们在面对顺境时保持清醒、不骄不躁，让我们在面临逆境时保持乐观、不气不馁；消极的态度却让我们经不起一点风浪，在困难和不幸面前缴械投降，不想如何解决问题、挣脱苦难，却把时间浪费在悲叹和抱怨上面。

稻盛和夫曾多次强调乐观态度的重要性，尤其是企业的经营者，即使身处最难熬的逆境中，也要保持积极的态度。稻盛和夫的这些感悟和他的人生经历有着很大关系，当初，他也是从悲观的人生态度中走出来的呢！

稻盛和夫先生年轻时的路程走得不太顺利：怕发生什么偏偏发生什么；想做的事情也大多事与愿违。

中学升学考试失败之后，他就感染了结核病。虽然当时结核病不是绝症，但是他的家族里有两位叔叔和一位婶婶都被结核病夺去了生命，他的家族因此被人称为“结核病家族”。

结核病带来的病痛和死亡，使恐惧和悲伤在他心里久久挥之不去。

他非常害怕被感染，当初叔叔在家中疗养时，他总是避之不及，躲得远远的。结果后来，在叔叔身边看护着的父亲没有被感染，对结核病不以为然、认为不会轻易被传染的哥哥也好好的，只有他被感染了。

稻盛和夫想起邻居阿姨送给他的《生命的真相》一书中提到过："我们内心有个吸引灾难的磁铁。生病是因为有一颗吸引病痛的羸弱的心。"他感到费解：为什么偏偏是自己病了呢？也许真的像书中所说的那样，自己消极的心引来了病痛。

稻盛和夫的结核病好不容易治愈了，终于可以回到学校读书了。可是，战胜了病痛的稻盛和夫并没有从此摆脱失败和挫折的纠缠。满心期待的大学入学考试不合格，没有考入第一志愿的大学。进入了本地的大学之后，成绩一直不错，以为可以找到一份称心的工作；可是，毕业时赶上了经济大萧条，参加多次就业考试，屡战屡败。在大学老师的关照下，他终于在京都的电用绝缘瓷瓶制造厂谋得了一个职位；然而，这个公司简直就是一个烂摊子，说不定什么时候就会倒闭，到期发不出工资是家常便饭，管理公司的家族不但不努力思考让公司起死回生的办法，反而在闹内讧！

"为什么！为什么倒霉的总是我？好事不敲门，坏事却不断。费尽心力进入的公司竟然是这般样子！"稻盛和夫心中的不满和怨恨越来越多。和稻盛和夫同期进入公司的同事们每天都在商量着什么时候辞职。不久，同事们都跳槽离开了，只剩下稻盛和夫一个人留在公司。他也不是没有过离开的念头，只是当初因为恩师的关系才能进入公司，虽然有抱怨有不满，却不能这样就放弃。

可当稻盛和夫跌入了人生低得不能再低的低谷时，他的心态反而有所转变了。他想，与其抱怨时运不济、怀才不遇，还不如好好工作，也许还有改变现状的可能。之后，他的心情豁然开朗，一心一意进行研究，成果有目共睹，随之获得上司的好评。而这些积极的成果推动他更加认真地工作，取得更好的结果，从此稻盛和夫进入了“积极——努力——收获——更积极——更努力——更多收获”的良性循环。

稻盛和夫的人生经历告诉我们，命运并没有既定的轨道，不同的态度决定了人生的不同方向，积极的态度能推动人们迈向成功，消极的态度只会使人陷入恶性循环的怪圈。态度生长在我们的思想深处，它影响着我们的思维和判断，控制着我们的情感和行为，牵引着我们的人生方向。在人生的数轴上，消极的态度只会将我们引向负无穷，让我们在“负”的路上越走越远。

事实上，与其扼腕哀叹，不如挽起袖子努力工作；与其抱怨时运不济，不如打起精神、做好准备等待机会的到来。无论何时，保持积极的态度，即使我们一无所有，至少还能以乐观的态度去生活。

永怀乐观向上的心态

稻盛和夫相信：我们无法选择出生于什么样的年代，我们也无法改变整个社会和所有人；但是，我们可以选择对待生活的态度，我们可以改变自己的思考方向。佛家有云：物随性转、境由心生。如果一个人心中是快乐的、积极的，那么事物在他眼里都会有美好的形态；如果一个人心里装的是悲观和消极，那么事物也都面貌可恶。

有一个老太太，大家都叫她“哭婆婆”，因为她整天都坐在路口哭。

一天，一位禅师路过此地，就问她缘由。老太太告诉禅师：她有两个女儿，一个嫁给了卖鞋的，一个嫁给了卖伞的。晴天的时候，她就想起了卖伞的女儿，担心她的伞会卖不出去，因此伤心而哭；雨天的时候，她又想起卖鞋的女儿，想她的鞋一定不好卖，因此也伤心落泪。所以，不论晴天雨天，她总是哭。

禅师听罢，对婆婆说："你为什么不这样想呢？晴天的时候，你那个卖鞋的女儿生意好；雨天的时候，你卖伞的女儿生意好，不论晴天还是雨天都值得高兴啊！"

听了禅师的一番话，老太太顿悟。从此，街头便有了一个总是乐呵呵的"笑婆婆"。

有时候，事物的好坏其实在于我们内心的想法。就算是半杯水，悲观的人看到了会说：真倒霉，只剩下半杯水了；乐观的人会说：真幸运，居然还有半杯水。

相信每朵乌云都镶有金边，相信风雨过后一定有晴美的天空——这就是乐观。乐观是一种积极的人生态度，它能够让人拥有身处逆境而不抛弃、不放弃的坚定信心和旺盛斗志，让人在纷争杂乱的现实中保持快乐的活力和豁达的心境。

纵观我们周围，但凡有建树的成功人士，无不有着乐观向上的精神。

稻盛和夫在一次记者会上谈及领导者心怀乐观向上态度的重要性。

"领导者的态度对于组织来说极为重要，不管他的态度是消极的还是积极的，都将对组织的生产力、员工、客户和投资方产生直接的影响。领导者必须保持乐观向上的心态，才能坚定继续前进的决心，才有面对危机的勇气。

"在经济萧条时，领导者的乐观心态就更为重要。以一颗乐观的心去接受现实，并冷静地制定策略去改变现实或者改变被动的局面，相信一定有否极泰来的一天。只有领导者乐观、冷静、沉稳，才能带领整个组织朝着正确的方向走。"

有记者问及稻盛和夫，这种乐观的概念是否可以应用在日常生活中，稻盛和夫引用了作家罗伯特·舒勒在《成功无终结，失败非绝对》一书中的话：

“对人生保持正面的看法是成功的先决条件。”

稻盛和夫说，永怀乐观向上的心态、相信人生终将如你所愿，这是很重要的。从期待一个好的结果开始，不是很好吗？

在风云变幻的商海沉浮中，稻盛和夫之所以能成为日本乃至世界家喻户晓的经营大师，其中不可缺少的条件就是乐观向上的心态。

这样的例子古今中外不胜枚举。

当年苏轼被贬黄州，仕途失意、路上逢雨，却吟咏徐行，做出一首《定风波》：“莫听穿林打叶声，何妨吟啸且徐行。竹杖芒鞋轻胜马，谁怕？一蓑烟雨任平生。料峭春风吹酒醒，微冷，山头斜照却相迎。回首向来萧瑟处，归去，也无风雨也无晴。”这是怎样一种胜败两忘的乐观、笑看风雨的气度！这又是怎样不畏艰难、胸怀激荡的乐观精神。

或许我们很难成为征战商场的企业家，也不能成为名垂青史的伟人，但是只要保持乐观向上的心态，我们就能战胜困难、就能大胆拼搏，成为最成功的自己。

用心渴望的目标才可能达成

稻盛和夫相信：内心不渴望的东西，永远不可能靠近自己。你达成的事情都是你曾经在心底里渴望过的；如果没有过渴望，那就即便是能够实现的事情也实现不了。

我们在祝福别人做事顺利的时候都会说“心想事成”。所谓“心想事成”，是说我们心里所想的都会成功。这种“想”，就是强烈的渴望。

在我们周围，具备同等的能力也付出了同样的努力，有的人成功了，有的人却没有。其中的差距在哪里呢？有的人说是运气不同，其实更重要的原因是对目标的渴望程度不同。曾有人说："人的能力的唯一限制就是他渴望的程度。"虽然这样说有些绝对，但是其中的道理却是值得我们思考的。

我们每个人都有自己的目标，也希望达成。但是，只是一般的"想"是不够的。很多时候，我们只是想要，而没有告诉自己说一定要；很多时候，我们只是渴望拥有，却没有努力创造；很多时候我们只是想着"如果能够这样就好了"，只是抱着可有可无的心理，而没有痛下决心不达目标绝不止步。

只有用心渴望的目标才可能达成，只有近乎疯狂的强烈的愿望才能让我们不论何时何地，哪怕是最凄凉、背运的时候也能够守护心中不灭的热情，去努力、再努力。

美国曾经有一位的年轻人，他穷困潦倒，有时候实在揭不开锅了，甚至想过把自己的爱犬卖掉。但就是这样，他仍然坚守着自己的梦想，渴望有一天能够实现。他希望自己能够进入好莱坞拍电影，成为一名出色的演员。

但是，他的试镜总是失利，因为他的眼睑下垂、声音也不够高亢。他想："我没有办法改变自己的外形，那么就另寻一条通往梦想的路吧。"由此，他开始为自己量身定做剧本，希望通过好的剧本打开梦想的大门。

在一个纠结抑郁的晚上，他满怀心事地换着看电视频道。偶然间转到了一次拳击比赛的直播，他看到了阿里与一位毫无名气的拳击手查克·威普勒对决的画面，灵感瞬间而至！他用了 3 天时间就写出了新的剧本，并带着新剧本去拜访好莱坞的电影公司。

当时，好莱坞有 500 家电影公司，他一一拜访，却没有一家公司对他和他的剧本表示出兴趣。面对这个结果，他没有放弃，对梦想的渴望不允许他放弃。他打起精神，又从第一家开始，继续第二轮、第三轮、第四轮的拜访和自我推荐。在遭到了 1849 次拒绝之后，在第四轮行动的第 350 次拜访中，电影公司的老板终于答应先看看他的剧本。

几天后，这家公司看中了他的剧本，想要将其拍成电影，条件是让一个更有名气的明星来演男主角，甚至开出了 1.8 万美金想买断他的剧本，但是他没有被金钱打动，坚持要自己出演。后来这部电影的票房超过了 2.25 亿美元，一举斩获当年奥斯卡最佳影片和最佳导演奖，成为最大的一匹黑马。

这部电影叫《洛奇》，这位年轻人就是美国电影巨星西尔维斯特·史泰龙。

史泰龙的成功告诉我们：莫在倦时退场，力量来自渴望！强烈的、近乎疯狂的渴望，能够坚定我们的信念，在我们遭遇挫折时、在我们灰心丧气时给我们前进的力量。

想要达成目标、想要成就事业就不能没有这种强大的力量。我们对目标的渴望必须是每分每秒、无时无刻不在的，要将这种渴望融进我们的血液、浸入我们的骨髓，仿佛呼吸的空气中都是对目标的渴望。

对目标的渴望达到了这种“狂热”的程度，我们身上的雷达就会全面启动，映入眼帘的每件事物、敲击耳膜的每个声音，我们都会将之与渴望着的目标相联系。在派对上远远看到的某个人，能够帮助你达成目标，那么他就成了你全力去接触的人；别人不经意的一句话，其他人听到没有想法，说不定就能给你带来新的灵感。

正如稻盛和夫所说的：“绝妙的机会总是在最不起眼之处，只有强烈地渴望自己目标的人才能看得见。”

职业篇

忠告 1

把工作当作实现人生价值的阶梯

正面思维等于持续的人格提升

要拥有幸福的人生，要把工作做到完美，事业做到最大，就必须具备正面的思考方式。只有做到这点，一个人的一生才有可能会在工作上硕果累累，在生活中获得幸福。

人和动物、植物的区别在哪里？心理学之父威廉·詹姆斯曾说过："我们这个时代最伟大的发现就是，人们可以通过改变思考方式来改变自己的生活，而思考方式是人们可挑选的一种选择，我们可以用积极抑或消极的思想对待事物。若非身体机能出现差错，我们都可能自主地选择用哪种思考方式思考问题。"

大脑是一个出色的过滤器，但很多员工却不懂得如何使用它。阿兰·彼得森在《更好的家庭》一书中说道："消极思潮正影响着我们，人天生容易受到消极思想的影响。在实际工作中，人们不难发现，如果有一个人说一些心灰意冷的话，就极有可能降低整个团队的士气；而真诚的赞美则令人精神鼓舞、斗志昂扬。"

纵观职场百态，成功者之所以成功，就是能够将正面的思维运用到工作和生活中，自己树立自己，自己成就自己。

一个精明的荷兰花草商人，千里迢迢从遥远的非洲引进了一种名贵的花卉，培育在自己的花圃里，准备到时候卖个好价钱。对这种名贵花卉，商人爱护备至，许多亲朋好友向他索要，一向慷慨大方的他却连一粒种子也不给。

第一年的春天，他的花开了，花圃里万紫千红，那种名贵的花开得尤其漂亮。第二年的春天，他的这种名贵的花已繁育出了五六千株，但他发现，今年的花没有去年开得好，花朵略小不说，还有一点杂色。到了第三年，名贵的花已经繁育出了上万株，令他沮丧的是，那些花的花朵变得更小，花色也差很多，完全没有了它在非洲时的那种雍容和高贵。当然，他没能靠这些花赚上一大笔。

难道这些花退化了吗？可非洲人年年种养这种花，大面积、年复一年地种植，并没有见过这种花会退化呀。百思不得其解，他便去请教一位植物学家。

植物学家问他："你的邻居种植的也是这种花吗？"他摇摇头说："这种花只有我一个人有，他们的花圃里都是些郁金香、玫瑰、金盏菊之类的普通花卉。"植物学家沉吟了半天说："尽管你的花圃里种满了这种名贵之花，但和你的花圃毗邻的花圃却种植着其他花卉，你的这种名贵之花被风传播了花粉后，又沾上了毗邻花圃里的其他品种的花粉，所以你的名贵之花一年不如一年，越来越不雍容华贵了。"商人问植物学家该怎么办，植物学家说："谁能阻挡住风传播花粉呢？要想使你的名贵之花不失本色，只有一种办法，那就是让你邻居的花圃里也都种上你的这种花。"于是商人把自己的花种分给了自己的邻居。次年春天花开的时候，商人和邻居的花圃几乎成了这种名贵之花的海洋——花色典雅，朵朵流光溢彩，雍容华贵。

这些花一上市，便被抢购一空，商人和他的邻居都发了大财。想要有名贵的花，就必须让自己的邻居也种上同样名贵的花。精神世界也是这样的，一个人想要维持自己品德的高尚，如果不懂得和别人分享，就只能是孤芳自赏，甚至背上自闭与不通事理的骂名。

分享是为了在我们需要时的得到，给自己一个好人缘和和睦的生活、工作环境。在分享中，我们得到的远比分享的多得多。

成功是有顺序的，首先是有一个正面的思维，然后是做法的有效，最后是人格的提升。可以这么说，正面思维是所有成功的起点。在历史故事里、在现实生活中，哪里有成功人士，哪里就有正面思维。

一个企业要和国际接轨，就要和比自己强大的跨国企业竞争，这首先就要求有一个正确的思维，在思想上立于不败之地。首先必须要在软件上战胜竞争对手，充分看到自己的优势和长处，懂得化不利为有利。在迈向成功的道路上，我们比以往任何时候都需要正面思维。

每个员工在职场竞争中求生存发展之道，弱者要变强，强者要更强，必须拥有正面的思维，以这种思维指导自己的工作，在努力工作中会不知不觉地提升自己的人格。然而工作往往压力大，困难多，如逆水行舟，不进则退。其中一些意志不够坚定的员工，容易产生反面的想法。本来可以大有作为，结果仅仅因为没有从正面来思考和处理问题，而与成功失之交臂。

正面思维会促使人们以积极、主动、乐观的态度去处理任何事情，使事情向着有利的方向发展。正面思维使人在顺境中脱颖而出，在逆境中更加坚强。正面思维会变不利为有利，变优秀为卓越。

正面思维在人们日常工作的真正执行中，会被发现更多的力量和价值。正面思维是一个神奇的魔棒，它能点铁成金，帮助每一位员工在职场中搬开绊脚石，披荆斩棘，乘风破浪，并赋予他们一个充满魅力的人格。

以完美为目标就是无止境地追求内心的理想

“全国杰出青年岗位能手”李素丽曾说过，认真只能把工作做对，用心才能把工作做好。在实际生活中她也是这么做的，在平凡的岗位上，她用尽心力将工作做好，就是在追逐心中的那个理想。其实，人与人智力之间的差别很小，造成人与人之间巨大差距的是努力、用心的程度不同。稻盛和夫就是一直以完美为目标无尽地追求，他坦言，就工作而言，自己是个完美主义者。

在平时的生活当中，要求自己做到事事完美着实困难。但是如果你能把追求完美变成自己的第二天性，事情就变得轻松简单很多。好比发射一颗卫星上天需要非常巨大的能量。然而，一旦卫星走上了它的运行轨道，那么就不需要很大能量便可以维持它的正常运转了。

8 年前，莎莉斯和科利尔还在俄勒冈州的一家大酒店里供职。在工作中他们发现，很多人在旅游之际，不愿意去酒店里的酒吧、赌场、健身房等娱乐场所，也不喜欢看电影、电视，而是愿意静下心来在房间里看书。时常有游客问科利尔：酒店里能不能提供一些世界名著?酒店里没有，爱看小说的科利尔满足了他们。问的人多了，莎莉斯就留心起来。一段时间后，她发现这一消费群体相当庞大。现代社会压力极易让人浮躁，人们强烈地要求释放自己，有的人就去酒吧疯狂，去赌场寻求刺激来发泄，而另一部分人偏爱寻一方静地让自己远离并躲避一切烦恼与压力，看书是一种最好的方式。开一家专门针对这类人群的旅馆，是否可行呢？莎莉斯在一次闲聊时，把这个想法对科利尔说了。没想到他早就注意到这一现象，两人一拍即合，决定合伙开办一家“小说旅馆”。

为了安静，他们最后选择了纽波特海湾这个偏僻的小镇。他俩集资购买了一幢3层楼房，设客房20套，房间里没有电视机，旅馆内没有酒吧、赌场、健身房，连游泳池都没有。这就是科利尔和莎莉斯所想要达到的效果。在“海明威客房”中，人们可以看到旭日初升的景象，通过房间中一架残旧的打字机及挂在墙壁上的一只羚羊头，人们马上就会想到海明威的小说《老人与海》及《战地钟声》等里面动人的情节描写，迫不及待地想从“海明威的书架”上翻看这些小说，那种舒适的感觉也许让人终生难忘。所有的故事描述与人物刻画在莎莉斯和科利尔的精心筹划和布置下,都表现在房间里。令人大惑不解的是，他们的旅馆刚投入使用，来此的游客就与日俱增。

原来，在科利尔和莎莉斯布置旅馆的同时，就早已开始了招徕顾客的工作。既然是小说旅馆，自然顾客群是与书亲近的人。为了方便与顾客接触、交流，他们在俄勒冈州开了一家书店，凡是来书店购书的人都可以获得一份“小说旅馆”——西里维亚·贝奇的介绍和一张开业打折卡。许多人在看了这份附着彩色图片的介绍之后，就被这家奇特的旅馆吸引住了，有的人当即就预订了房间。为了增大客源，莎莉斯还与俄勒冈州的其他书店联系，希望他们在售书时，附上一张“小说旅馆”的介绍。这种全方位、有针对性的出击，为他们赢得了稳定的客源。这种形式一直持续到现在。随着时间的推移，“小说旅馆”的影响日渐扩大。莎莉斯和科利尔书店生意的兴隆，也显示出了其“小说旅馆”客人的增加。在旅馆的每个房间和庭院里,随处可见阅读小说、静心思考、埋头写作的人，甚至一些大牌演员和编剧也在这里讨论剧本。一些新婚夫妇以住在旅馆中用法国女作家科利特命名的“科利特客房”

中度蜜月为荣。

细节影响品质，细节体现品位，细节更显示着人们对完美的追求。

稻盛和夫说，在他所经过的旅途中，每每遭遇巨大苦难，他总是拼命地寻找指引方向的灯塔。但他所处之处是辨不清方向的茫茫大海，不可能找到灯光。他必须为自己建一座灯塔，为自己将来的路指明方向。做第一个吃螃蟹的人就是意味着没有前人的经验可以借鉴，自己才是竞争中的唯一对手。只有领悟到这种境界才可以使自己到达完美的状态。对开拓一片崭新天地的先行者而言,所谓的“更好”或“最好”是与他人比较的结果，而先行者身边没有可以依靠或比较的人选，因此只能做到完美。

无独有偶，我国的著名企业海尔公司的“零缺陷”管理为很多企业树立了典范。“零缺陷”意味着追求产品品质的完美无缺，不能出任何纰漏。他们通过对零缺陷的严格要求，不断地向着整个海尔集团的理想靠近。海尔集团的董事局主席、首席执行官张瑞敏说过，凡是有缺陷的产品，就是废品！只要去过海尔集团参观的人都知道，海尔的展览馆里保存着一把大铁锤，这把大铁锤是海尔发展的“功臣”。而说到这把大铁锤的来历，则要追溯到 20 世纪 80 年代。

1985 年，张瑞敏刚到海尔，当时的海尔叫作青岛电冰箱总厂。在那个时代，冰箱供不应求，海尔生产出来的所有产品都能不费吹灰之力地销售一空。1985 年 4 月，张瑞敏收到了来自一位客户的投诉信，说自己购买的海尔冰箱存在质量问题。张瑞敏觉得事情很严重，于是对仓库进行了突击检查，结果发现有 76 台冰箱存在各种各样的质量缺陷。

在开会讨论该事件的处理办法时，干部们主要有两种意见：一是作为“公关手段”，把问题冰箱处理给经常来厂检查的工商局、自来水公司或是电业局的人，借此拉近他们与海尔的关系；二是当作福利，把冰箱处理给对本厂有过贡献的员工。可张瑞敏坚决不同意，他说:“我要是同意把这76台有问题的冰箱卖出去，就无异于允许你们明天再生产10倍这样的问题冰箱。”

最终，张瑞敏在海尔弄了两个大展览室，将劣质零部件和76台劣质冰箱全部展出，让全厂的员工都来参观。参观结束后，他把负责生产这些冰箱的员工留下，他自己先拿了一把大铁锤，狠狠地朝一台冰箱砸了下去，把这台冰箱砸得七零八落。接着他把锤子交给责任人，让他们亲手把这76台冰箱全部销毁。

很多当时在场的人都流下了眼泪。当时员工的人均月收入只有40多元钱，而那时的一台冰箱能卖到800多元钱，一台冰箱相当于很多人两年的工资。

尽管那时的海尔还有负债，而且冰箱的价格也很高，其实这些冰箱也没有什么大毛病，有的只是在表面上稍有划痕。张瑞敏出人意料的举动在当时令很多人难以接受和理解。但是，这一锤砸下去声音砸醒了全体员工陈旧的质量意识，它让员工明白了：在海尔，任何不完美的产品就等于是废品，因为海尔的目标叫作“完美”。没有这一锤，便没有海尔的前途，便没有海尔今天的辉煌。

以完美为目标是一种理念、一种意识、一种作风、一种精神、一种积极对待问题的态度、一种精益求精细致入微的工作模式。完美主义不是一项阶段性的任务，而是一项系统性很强的长期工程。

改变粗放的工作模式，事事力求完美，持之以恒地坚持下去，长期坚持就会形成习惯，良好的习惯就会成为品质，这种品质便会带领着我们无尽地追求自己内心的理想。稻盛和夫指出，完美主义是那只最终决定个人成长和企业发展、成败命运的看不见的手。

从知识到见识，从见识到胆识

关于知识、见识和胆识，字典里的解释是：知识是人们在改造世界的实践中所获得的认识和经验的总和；见识的意思是见闻、知识；胆识的意思是胆量和见识。

知识大部分是书本上得来的，基本上属于理论范围；见识是在知识的基础上有一定的实践；而胆识则是人的能力和魄力，是才华和知识的集合。知识的内容包罗万象，所涉及的范围广泛。见识是平时我们对身边周围社会和事物的观察、思考和积累的程度，是一个人通过参与社会实践所获得的认识和经验的积累。所谓见多识广的多是那些有着丰富经验的人。此外见识还意味着一个人对事物认识的维度，即深度、高度和广度。

在一个钓鱼池旁边，有一群喜欢钓鱼的人正在垂钓。似乎每个人的运气都很不好，没有一条鱼上钩，因此当其中一位M先生钓到一条大鱼时，大家都为他喝彩。而这位M先生表情却非常奇怪，他两手捧着鱼，目测鱼的大小后，竟摇着头将鱼放回鱼池。虽然周围的人都很惊讶，但毕竟这是人家的自由，大家也只好若无其事地继续垂钓。

接着，M先生又钓上一条大鱼，他看了一下又把它放回鱼池里，大家都觉得奇怪。等到第三次M先生钓到一条小鱼时，他才露出笑脸将鱼放进自己的鱼篓里，准备回家。这时有一位老人问他：“虽然来这儿钓鱼的人只是为了尽兴，但你的行为令人不可思议。头两次钓上来的大鱼你总是放回水里，而第三次你钓上来的鱼非常小，在任何一个鱼池里都可以钓到，你却非常满意地将它放到鱼篓里，这是为什么呢？”

M先生回答说："因为我家所有的盘子中，最大的盘子只能放这么大的鱼。"

人常常在不知不觉中，以目前仅有的见识来企求自己所希望得到的东西。人生仅有一次，如果只相信“小盘子”，得到的将会只是一个狭窄的人生。面对人生所谓的“小盘子”，应该发散思维，慢慢将它扩大为大盘子，拓展更为宽广的人生。

一个人对事物的洞悉能力和感知能力常常来源于他的见识。接受教育，不间断地学习，是进行知识积累的过程；把学到的知识直接或间接地在实践中去运行阐释，借鉴正反两方面的经验，遇事多分析、多总结，减少无知的盲目举动和不知所措的愚蠢行为，这就是见识。学习的知识通过实践经历的酿造不断积淀，逐渐厚重起来，那么具有个人风格的见识便于实践中形成了。见识是知识在实践中淬炼的结晶。

胆识是胆量和见识的综合体。无论是在工作中还是生活中，每个人都经受过这样的考验：关键时刻，有没有胆量站在一个崭新的高度，迎接某些原本自己能力达不到的挑战。最后使你坚定并坚持下来的力量，是一种犀利的眼光、坚强的意志，以及明智的选择，这便是胆识。胆识是人的勇气和能力。

所谓“君子”者，即是在任何事态下都能随机应变，如鱼在水中，灵活自如，游刃有余。也就是说，通过修养自身的品行，获得出众的见识，面对任何局面都能将自己的见解实施得来去自如，这一切都需要在行事之前做出万全的准备。

稻盛和夫在日本哲学大家安冈正笃的著作中，对“知识”、“见识”、“胆识”有了领悟。稻盛和夫认为，胆识的母亲是勇气。很多人知道这个道理，却在困难面前犹豫踌躇，关键在于他们缺乏勇气作为后盾。过分在意“自我”会导致勇气的丧失。

相信大多数人都聆听过先贤的教诲，也读过圣贤书。然而，倘若仅仅停留在“知”的层面还不够，应当把知识通过实践提升为见识、把见识通过勇气升华为胆识。

其实杰出者与平庸者的差距，并不简单地在于知识的多寡、专业的优劣，而在于谁的经历丰富，见多识广，遇事不慌，有一种运筹帷幄的胆识和气度，对于任何情况都能应对自如。

为了更好地生活，人们必须掌握各种各样的知识。然而，知识本身是单薄的，几乎承担不起任何的实际作用。必须将知识进一步转化成具有强大实践能力的见识。当然，这还是不够的，必须用真正的勇气把见识打造成不为任何事所动的胆识，这才是成就大事业的支撑点。

有胆量才会有突破，有突破才会有创新。然而，倘若没有知识和见识给勇气打底,那勇气只是匹夫之勇或意气用事。而只有知识和见识，那么只能纸上谈兵或望梅止渴。有了知识和见识的勇气才是胆识，“有胆无识狂为勇，有识无胆多空谈”。做一个有胆有识的人，不但要积累知识、增长见识，更要有必胜的勇气和决心，有敢于挑战的胆量。

能带来真正喜悦的是劳动

人生是短暂的，所以快乐地度过生命中的每一天，就显得尤为重要了。那么，怎样才能获得快乐呢?

有人认为，如果能拥有很多的财富就会很快乐。可是假设你真的中了彩票，得到了一大笔钱，足够你玩乐一辈子。这时你就会获得真正的幸福吗？当我们每天无所事事，不做工作，而只去吃喝玩乐，试想这样的生活一直持续，你不会感觉无聊吗？长此以往，你与家庭、朋友的关系也会恶化，因为你已经找不到人生和工作的意义了。

稻盛和夫视工作的喜悦为世界上最大的喜悦。他曾经说：“为了使事业成功、人生充实，‘勤勉’是不可或缺的。勤勉就是指拼命工作，认真、努力、专心致志地工作。通过这样的勤勉，人类就可以获得丰富的精神和厚重的人格。”

曾经有这样一群年轻人向苏格拉底请教：“快乐到底在哪里？”苏格拉底说：“你们还是先帮我造一只船吧。”于是这群年轻人把寻找快乐的事情先放在了一边，花了很多努力和心思，用了七七四十九天造成了一条独木船。

这群年轻人把苏格拉底请上船，他们一边合力荡桨，一边齐声放歌。这时苏格拉底问:“孩子们,你们快乐吗？”他们齐声回答:“快乐极了！”

美国一位作家曾经说过，幸福就像一只蝴蝶，当你追逐它的时候，它会远离你；但是当你静静地坐下来时，它便会悄悄地落在你的肩上。快乐是什么？快乐其实就像一片田地，当我们用自己辛勤的劳动去耕耘时，它才会结出累累硕果。

当我们四处寻找快乐的时候，却没有领悟真正的快乐就在身边简单的工作中。在劳动中，我们可以安下心来齐心协力，努力研究，辛勤劳作。因为工作中足够的聚精会神,以至于许多烦恼都搁置和淡忘了。最终，我们从劳动中获得了最大的喜悦。

在稻盛和夫看来，工作占据我们大部分的生活，专心致志地工作所带来的成就感，这种喜悦是特别的，绝对不是任何其他事物可以代替的。认真、努力地工作，克服痛苦和辛苦后取得成功时的成就感，才是人世间无可替代的喜悦。

“铁人”王进喜率领石油工人开发大庆油田时，面对许多难以想象的困难：没有公路，车辆不足，吃和住都成问题。但王进喜和他的同事下定决心：有条件要上，没有条件创造条件也要上。他们用滚杠加撬杠，靠双手和肩膀，奋战3天3夜，把38米高、22吨重的井架迎着寒风矗立在了荒原。当得知开钻需要的水管还没有接通，王进喜就带领工人到附近的水泡子里破冰取水，硬是用脸盆、水桶，一盆盆、一桶桶地往井场端了50吨水。在他们的艰苦努力下，中国的第一口油井终于建成了。他们感到无比骄傲与自豪。他们乐在嘴上，更乐在心里。

像王进喜这样的劳动楷模，我们的身边有太多太多。他们在工作中不怕苦，不怕累。用劳动充实自我的人生，用劳动提升自我的价值，从劳动中获得非凡的喜悦和快乐。

稻盛和夫指出，能真正带来喜悦和快乐的是劳动。

当我们拼命工作之后，自然会发现辛劳的背后隐藏着最大的快乐和欢喜，这就是劳动人生的美好所在。

忠告 2

努力工作是成就人生不可或缺的要义

我们为什么要努力工作

稻盛和夫认为，现在的日本，正处于一个没有方向感的时代。其原因来自于两个方面：一方面，人们找不到明确方向的行动指针；另一方面，人们遇到了许多前所未有的问题，带来了极大的困惑。比如说，整个社会的老龄化，年轻人的比例减少，人口负增长，地球资源枯竭以及环境污染、生态恶化，等等。在这些危机与困惑中，人们的价值观念也产生了巨大的变化，并在变化中产生了一系列的混乱。

人们价值观变化当中最显著的一点就是对于“劳动”观念的扭曲，以及对于人们赖以为生的“工作”的认识的改变。现代社会，大多数人已经无法对工作目标和意义有一个正确的认识。于是，“劳动是为了什么”、“为什么要努力工作”这样的问题出现得越来越多。

在当今的时代，有相当一部分人不喜欢自己的工作，讨厌劳动，而且还尽可能地逃避工作责任。这种倾向在明显地滋长。更有甚者把“努力做好自己工作”、“拼命进行劳动”看得无足轻重。他们嘲笑和轻视积极工作的人。

还有很多人热衷于股票市场，寄希望于股票买卖，期待着轻轻松松发大财。许多人创办风险企业，其目的也只是想通过公司上市来募集大量资金。用这些手段把发财当作人生终极目标的人在日益增多。

与此同时，恐惧、排斥劳动的倾向渐渐在社会上占据了主流。

许多年轻人，刚刚一脚踏入社会，就把工作看作苦役，而且认为这种苦役剥夺人性。甚至很多人，选择了啃老，在双亲的庇护下混日子，干脆不去求职、不去工作。还有就是不从事正经职业，靠打零工做兼职填饱肚子。劳动观念、工作意识的改变，导致了无固定工作的自由职业者的增加。

将工作当作不得不做的“必要之恶”，这种想法在当代社会似乎已经成为一种共识。

前驻安巴、纳米比亚大使任小萍女士说，在她的职业生涯中，每一步都是组织上安排的，自己并没有什么自主权。在每一个岗位上，她都有自己的选择，那就是要比别人做得更好。大学毕业那年，她被分到英国大使馆做接线员。在很多人眼里，接线员是一个很没出息的工作，然而任小萍在这个普通的工作岗位上做出了不平凡的业绩。她把使馆所有人的名字、电话、工作范围甚至连他们家属的名字都背得滚瓜烂熟。当有些打电话的人不知道该找谁时，她就会多问几句，尽量帮他（她）准确地找到要找的人。慢慢地，使馆人员有事外出时并不告诉他们的翻译，只是给她打电话，告诉她谁会来电话，请转告什么，等等。不久，有很多公事、私事也开始委托她通知，她成了全面负责的留言点、大秘书。

有一天，英国大使竟然跑到电话间，笑眯眯地表扬她，这可是一件破天荒的事。结果没多久，她就因工作出色而被破格调去给英国某大报记者处做翻译。该报的首席记者是个名气很大的老太太，得过战地勋章，授过勋爵，本事大，脾气大，甚至把前任翻译给赶跑了，刚开始时她也不接受任小萍，看不上她的资历，后来才勉强同意一试。结果一年后，老太太逢人就说："我的翻译比你的好上10倍。"不久，工作出色的任小萍又被破例调到美国驻华联络处，她干得同样出色，不久即获外交部嘉奖。

当你在为公司工作时，无论老板把你安排在哪个位置上，都不要轻视自己的工作，都要担负起工作的责任来。那些在工作中推三阻四，寻找各种借口为自己开脱的人，对这也不满意、那也不满意的人，往往是职场的被动者，他们即使工作一辈子也不会有出色的业绩。

很多人都希望工作又轻松而且赚钱又多。这些人都是抱着心里不愿意工作，但因为要糊口又不得不做的心态。这样的心态怎么能做好工作呢？不愿意受工作环境的束缚，只重视私人生活的空间，只对个人感兴趣的事情投入精力，这样的生活方式，在当今时代的背景下，早已是司空见惯了。

安妮是一家跨国公司办公室的打字员。有一天中午，同事们都出去吃饭了，只有她一个人还留在办公室里收拾东西。这时，一个董事经过她所在的部门时，停了下来，想找一些信件。这并不是安妮分内的工作，但是她回答："尽管对这些信件我一无所知，但是，我会尽快帮您找到它们，并将它们放到您的办公室里。"当她将董事所需要的东西放在他的办公桌上时，这位董事显得格外高兴。4个星期后，在一次公司的管理会议上,有一个更高职位的空缺。总裁征求这位董事的意见，此时，他想起了那位打字员——安妮。于是，他推荐了她，安妮的职位一下子升了两级。

稻盛和夫认为，人难得到世上走一遭，如果就这样马虎度过，也就失去了人生的意义。稻盛和夫通过自己多年来对工作的实践体验和思考得出的结论:一个人只要理解工作的含义，并全心全意地投入工作，那么他就能够拥有充实幸福的人生。劳动和工作可以给人生带来巨大的喜悦和收获。

工作是值得推崇的行为

人为什么要工作？相信大多数人都会认为，工作的目的是获得生活的食粮。他们觉得，劳动的价值是为了吃饭而获取报酬，这也是工作的首要意义。

当然，为了获得维持生活的报酬，是工作的重要理由之一，这无可厚非。然而，人们拼命努力工作，难道说仅仅是为了吃饭这一目的吗？

美国前总统亨利·威尔逊出生在一个贫苦的家庭，当他还在摇篮里牙牙学语的时候，贫穷就已经冲击着这个家庭。威尔逊 10 岁的时候就离开了家，在外面当了 11 年的学徒工。这其间，他每年只有一个月时间到学校去接受教育。

经过 11 年的艰辛工作之后，他终于得到了一头牛和六只绵羊作为报酬。他把它们换成了 84 美元。他知道钱来得很艰难，所以绝不浪费，他从来没有在玩乐上花过一分钱，每个美分都要精打细算才花出去。在他 21 岁之前，他已经设法读了 1000 本书——这对一个农场里的学徒来说，是多么艰巨的任务呀！在离开农场之后，他徒步到 150 公里之外的马萨诸塞州的内蒂克去学习皮匠手艺。他风尘仆仆地经过了波士顿，在那里他看了邦克希尔纪念碑和其他历史名胜。整个旅行他只花了 1 美元 6 美分。

他在度过了 21 岁生日后的第一个月，就带着一队人马进入了人迹罕至的大森林，在那里采伐原木。威尔逊每天都是在东方刚刚翻起鱼肚白之前起床，然后就一直辛勤地工作到星星出来为止。在一个月夜以继日的辛劳努力之后，他获得了 6 美元的报酬。

在这样的穷困境遇中，威尔逊下定决心，不让任何一个发展自我、提升自我的机会溜走。很少有人像他一样深刻地理解闲暇时光的价值，他像抓住黄金一样紧紧地抓住了零星的时间，不让一分一秒无所作为地从指缝间白白流走。12 年之后，这个从小成长于穷困中的孩子在政界脱颖而出，进入了国会，开始了他的政治生涯。

一个人的发展与成长，天赋、环境、机遇、学识等外部因素固然重要，但更重要的是自身的勤奋与努力。没有自身的勤奋，就算是天资奇佳的雄鹰也只能空振双翅；有了勤奋的精神，就算是行动迟缓的蜗牛也能雄踞塔顶，观千山暮雪，渺万里层云。成功不能单纯依靠能力和智慧，更要靠每一个人自身孜孜不倦地勤奋工作。

工作的意义，正在于此。日复一日勤奋地劳作，是所谓“精进”，可以达到锻炼我们的心志、提升人格的作用。稻盛和夫曾谈到，他在一个电视访谈类节目中看到主持人采访一位木匠师傅。这位木匠师傅所说的话，很令人感动。

这位木匠师傅说：树木里居住着生命。工作时必须倾听这树木中生命发出的呼声……在使用千年树龄的木材时，我们须以精湛的工作态度来对待，因为我们的技艺必须像有着千年树龄的树木一样，要经得起千年岁月的考验。

这种动人心魄的话出自一个平凡木匠之口，但是，这种话只有终身努力、埋头于工作的人才能说出来。

木匠工作的意义是什么呢？它的意义不在于使用工具去建造美轮美奂的房屋，不在于不断提高木工技术和工艺，而更在于磨炼人的心志，铸造人的灵魂。这是稻盛和夫从这位令人肃然起敬的木匠师傅的肺腑之言中听出的深刻意蕴。

这位木匠师傅年逾七十，只有小学毕业的他几十年从事着木匠这项工作，辛苦劳累。其间他也不胜厌烦，甚至有时也想辞职不干，但坚韧的他还是坚持了下来，几十年如一日地承受和克服了这种种劳苦，勤奋工作，潜心钻研。像这样将自己的一生奉献给一种职业，在埋头工作的过程中，他逐渐塑造出了厚重的人格。孜孜不倦的他在经历了一生的劳苦和磨难后，才用自己的体会道出了如此语重心长、警醒世人的人生智慧。

像这位可敬的木匠师傅一样，将自己的一生奉献给一项职业，埋头苦干，这样的人最有动人心弦的魅力，也最能打动人。稻盛和夫曾经说过，工作是对万病都有疗效的灵丹妙药，通过工作可以克服种种艰难险阻，让自己的人生命运时来运转。将自己的工作当作信仰，把劳动看得高贵神圣，是值得推崇的。

人生是由种种苦难构成的。虽然苦难既不是我们希望的，也不由我们控制。但意想不到的苦难却常常不期而至。灾难和不幸接踵而至，不停地打击我们，折磨我们。在这个过程中，我们不由得为自己的命运而生发出怨恨的心情，甚至心灰意冷，稍一松懈便被苦难所打败。

然而一种巨大的能量却在“工作”中潜伏着，它可以帮助你战胜人生中的种种磨难，给处于危机的人生带来美好的憧憬和希望。稻盛和夫用自己的亲身经历验证了这个真理。

工作能够强大一个人的内心，帮助人克服人生的种种磨难，让命运获得转机。只有通过长期坚持不懈的工作，不断磨砺心志，才会具备厚重充实的人格，在生活中像大树而不是芦苇，做到沉稳而不摇摆。

生活在现代的年轻人，承担着人们对未来的希望以及创造未来的重任，在工作中不可好逸恶劳，不要逃避困难。秉着一颗纯真自然的心，全身心地投入到工作当中去，是接近成功以及磨砺心志的最好方法。

当心存疑惑工作到底是为了什么时，稻盛和夫希望我们记住下面这句话：

工作是一种非常值得推崇的行为，它能够铸造人格、磨砺心志，是人生最尊贵、最重要、最有价值的。

乍看是不幸，实际上是幸事

人生不如意事十之八九。生活本是一种承受，人若学会正确对待不幸，那么你所遭受的也许正是你的福气。稻盛和夫曾说过，乍看的不幸，实际是幸事。

看过著名油画大师梵·高的故居的人都知道，那里有的只是张裂开的木床和破皮鞋。梵·高一生困苦潦倒，没有娶妻，但也许正是生活上的困窘，帮他完成了在艺术上的壮举，使他成为大师中的大师，使他的作品成为经典中的经典。

就人生而言，不幸是个不请自来的不速之客。不幸是根弹簧，我们若向他屈服了，它不会优待战俘，反而使我们落魄潦倒，甚至在绝望和恐惧中逼迫我们一步步靠近灭亡；如果我们不臣服于它，反而会变得更坚强更勇敢。

中国宇航员费俊龙、聂海胜乘“神六”成功飞天，这是令全体中国人振奋的消息。然而，谁又知道，如今的飞天英雄费俊龙小时候的生活多么窘迫。他曾为了求学不得不步行到离家十几里远的学校去上学，坚持了十几年之久。费俊龙从小就怀揣着飞天的梦想，如今心想事成，美梦成真，然而，个中滋味，只有用心才能体会。

风雨对于温室里的花朵而言绝对是灭顶之灾，不幸对于幸运儿而言无疑是致命的打击，毫无力量去抗拒去迎击。因为幸运儿习惯了没有挫折和不幸的苦涩人生，在他们的生活经历中只有一帆风顺，心想事成，他们的字典里没有别有深味的“不幸”二字。而对于那些经常遭受不幸拜访的人来说，他们的意志品质都是非常坚强的。他们深刻地明白，风调雨顺、风和日丽只是偶然光临，暴风骤雨、电闪雷鸣才是人生的常客。

著名心理学家威廉·汤姆斯说过，我们所谓的不幸和苦难，很大的程度上，要归结于个人对现象所持的看法。更重要的则是，一个人以什么样的心情与态度来面对和处理这些难题，最后的结果是迥然不同的。因此，我们不难发觉，即使是出于同样的环境和状态，有人认为是不幸和苦难，有人却认为这是千载难逢的良机。

成功的人为什么能成功？因为对他来说，每一个因缘都是成功的良机，甚至包括不幸。不管身处何处，他们都会以积极、自信与乐观的态度去努力、去积淀自己，他们是奇迹的创造者。与此相反的是，另一些人持有消极与失败的心态，不愿意承担不幸，这样的人注定一辈子要潦倒。不同的心态,做出的不同的反应致使事情的结果截然相反。因此遇到任何挫折或打击时，千万不要呼天抢地，微笑着告诉自己你确信那是造化的考验。

高尔基曾把苦难比作大学。几乎所有的成功人士都是从不幸中毕业的。不幸教给你坚强勇敢，更教会你拼搏向上。这也正如稻盛和夫指出的那样，苦难是一只驶向成功的船，当风暴来临时，别害怕，扬起帆，直面那滔天的海浪、搏击那汹涌的激流吧。

认真且不遗余力地工作是我们做人的必要条件

工作是一个展示我们的大舞台。可以尽情施展我们的才华。我们寒窗苦读得来的知识，我们的应变力、我们的决断力、我们的适应力、我们的协调能力都将在这样一个舞台上得以施展。除了工作，世界上恐怕没有哪种活动能够给人们提供如此愉悦的充实感、表达自我的机会、个人的使命感甚至是一种活着的理由。

有一个在麦当劳工作的人，他的工作是烤汉堡。他每天都很快乐地工作，尤其在烤汉堡的时候，他更是专心致志。许多顾客对他为何如此开心感到不可思议，十分好奇，纷纷问他："烤汉堡的工作环境不好，又是件单调乏味的事，为什么你可以如此愉快地工作并充满热情呢？"

这个烤汉堡的人说："在我每次烤汉堡时，我便会想到，如果点这汉堡的人可以吃到一个精心制作的汉堡，他就会很高兴，所以我要好好地烤汉堡，使吃汉堡的人能感受到我带给他们的快乐。看到顾客吃了之后十分满足，并且愉快地离开时，我便感到十分高兴，仿佛又完成了一项重大的任务。因此，我把做好汉堡当作是我每天工作的一项使命，要尽全力去做好它。"

顾客听了他的回答之后，对他能用这样的工作态度来烤汉堡，都感到非常钦佩。他们回去之后，就把这件事情告诉周围的同事、朋友或亲人，一传十、十传百，很多人都喜欢来到这家麦当劳店吃他做的汉堡，同时看看"快乐烤汉堡的人"。顾客纷纷把他们看到的这个人认真、热情的表现，反映给公司。公司主管在收到许多顾客的反映后，也去了解情况。公司有感于他这种热情积极的工作态度，认为值得奖励和栽培。没几年，他便升为分区经理了。

这个烤汉堡的人把做好汉堡并让顾客吃得开心，当作是自己的工作使命。对他而言，这是一份有意义的工作，所以他充满责任感、热情地去做工作。如果我们也能像他一样，把工作当作人生的使命，把它做得完美，我们的成就感和信心就会愈来愈强，工作也会愈来愈顺畅。

一些企业中，不少员工只是将工作当成一份养家糊口的、不得不从事的差事，谈不上什么荣誉感和使命感；甚至有很多员工认为："我出力，老板出钱，等价交换，谁也不欠谁的，谁也不用过分认真。"他们只想做企业的老人，而不是企业的功臣；他们没有尽心尽力工作的精神，而是像老牛拉磨一样，懒懒散散，不求有功，但求无过。这些做法无异于浪费自己的生命，断送自己的前程。每当新产品开发的时候，稻盛和夫总是想"紧抱自己的产品"。对自己的工作、对自己的产品，倘若不注入如此深沉的关心和热爱，事情就很难做得如此尽善尽美。

年轻人常常对工作缺乏深刻的认识和理解。也许他们常常抱怨薪水太少，工作时间太长，在他们眼里"工作是工作，自己是自己"，而这二者之间没什么关系，而且要保持距离。然而，想把工作做好，就应该消除二者之间的距离，领悟到：自己就是工作，工作就是自己。

京瓷公司在创建不久，曾制作过"水冷复式水管"，这种水管的作用是用来冷却广播机器真空管的。

由于京瓷以前只做小型陶瓷产品，而这种水管尺寸太大，使用的是老式陶瓷原料，属陶器一类。并且要在大管中通小冷却管，结构很复杂。

当时京瓷本不具备制造这类产品的设备，也未能掌握相关技术。然而由于客户盛情难却，稻盛和夫无意中便把任务应承了下来。既然接受了订单，就绝不可以失信于人，不管怎样都必须给客户一个满意的交代。

为了做好这种水管，京瓷人付出了一般人难以想象的辛苦。比如说，原料虽然与一般陶器一样，使用相同的黏土，但是想让如此大的陶器均匀地干燥很困难。一开始，在成型、干燥的过程中，几乎每次都以失败告终，因干燥不均而发生裂痕的现象频频发生。

产品的干燥时间过长，稻盛和夫曾尝试在缩短干燥时间上下功夫，但结果并不尽如人意。稻盛和夫采用各种方法反复试验，最后想出一招：在尚未完全干燥、处于柔软状态的产品表面裹上布条，然后向布条上吹气，让产品慢慢地、均匀地干燥。

这样，新的问题又来了。如果产品太大，而干燥时间又过长的话，产品会受自身的重力影响而发生变形。为防止变形，稻盛和夫又开动脑筋。最后，他决定抱着水管睡觉。

稻盛和夫选在炉窑附近温度适当的地方躺下，把产品小心翼翼地抱在胸前，整个晚上都慢慢转动着水管。用这种方法干燥果然奏效，同时还防止了水管变形。

这在旁人看来，这简直是疯狂的、不可思议的。当时的稻盛和夫满脑子想的都是“把产品培育成人”，甚至把它当作自己的孩子，倾注了全部的爱。正因为如此，稻盛和夫才能做到抱着产品转动了一个通宵。他通过这种让旁人看来心酸流泪的“认真不遗余力地工作”，顺利地完成了“水冷复式水管”的制造任务。

不管我们所处的时代多么发达、多么进步，如果工作时缺乏那种认真不遗余力的感情，就无法品尝到那种成功的欣慰。

很多人可能会为自己的不认真寻找各种各样的借口，实际上却是聪明反被聪明误。如果一个人总是为自己的松懈而大伤脑筋琢磨如何辩解自己的话，那么他怎么能把工作做好呢？有句话说得好：今天不努力工作，明天就要努力找工作。

其实一个人所做的工作就是他人生态度的表现：一个人一生的职业，就是他所向往的理想之所在。所以了解了一个人的工作态度，也就是在某种程度上了解了那个人。我们投身于工作不是为了别人，而是为了自己。

你才是自己人生航船的船长，不管你受雇于谁，你永远在为同一个老板打工——那就是你自己。一句话，我们要为自己而工作，做事，也是做人。

忠告3

绝不将就苟且，把完美作为工作的最高标准

完美主义不是更好，而是至高无上

“完美主义”是稻盛和夫在工作中一直追求的目标,他所考虑的“完美主义”不是“更好”，而是“至高无上”。生产一个产品，哪怕付出99%的努力也是不够的。一点瑕疵，一点疏漏，一点粗心都不能原谅，只有做足100%才堪称“完美”。在工作中不断追求的是做到精致、精湛、精益求精，力求最高质量，把产品做成无可挑剔的完美作品，把工作做到极致，挑战极限，这才是工作的终极目标。

稻盛和夫的一位叔叔当过海军航空队的飞机维修员，从战场归来后曾对稻盛和夫讲起过他在航空队的经历，这给稻盛和夫留下了很深刻的印象。

每当轰炸机起飞的时候，维修员都要随机飞行，但几乎他们中的所有人都不乘坐自己维修过的飞机。他们似乎不约而同地选择乘坐别的同事维修的飞机，这里面有什么玄机吗?

原来，虽然维修员们在维修保养机器时竭尽全力工作，但却不敢保证自己做得万无一失，于是他们都乘上同事负责的轰炸机。

正因为对自己的工作缺乏充分的信心，又考虑到万一出现紧急情

况，所以维修员们做出了这样的选择。还有很多类似的事情。许多医生自己的父母妻儿，或是亲戚身患重病，他们大都不愿亲自诊断医治。亲人们需要进行手术时更是如此，这些医生往往委托自己信任的同事主刀。这样做的缘由是，在血浓于水的亲情面前，关系到亲人的安危，自己会动不了手。

稻盛和夫并不赞同这种观点，他认为每一天的工作都是真刀真枪干出来的，拥有这样的积累，他一定会对自己的技术有满满的自信。如果换了他做飞机维修员，他必定会选择乘坐自己负责的轰炸机；如果换了他做外科医生，当亲人需要救治时，他不会请人代劳，必定会亲手主刀。只有觉得自己的工作做得完美无缺，能给自己的能力打满分时，才能有正面面对问题的决心和魄力。

“零缺陷管理”是荣事达借鉴国外企业“无缺点运动”经验并结合本企业实际加以独特的再创造的成果，而“无缺点运动”最早发端于美国佛罗里达州的马丁·马里塔公司。1962年，该公司与美国军事部门签订了一项生产供货合同，合同规定的交货期限很紧，对质量要求很严。可是军令如山，不容耽搁，马丁公司为形势所迫，打破常规，开展了一场“无缺点运动”，这一运动包括：

1. 打破传统的“人总要犯错误”理念，改换成“只要主观尽最大努力，就可以不犯错误”的理念，以此动员全体员工追求无缺点目标，自觉避免工作中的失误。

2. 打破以往的生产与质检的分离格局，要求每个操作者同时也是质检者，规定上道工序不得向下道工序传送有缺陷的产品。

3. 打破过去对错误只有事后发现和补救的常规，讲求超前防患，事先找出可能产生缺点的各种原因和条件，提前采取措施，做到防患于未然。

4. 打破生产过程中各工序的员工各自为政、各行其是的习惯状态，要求树立全局观念，主动配合、密切合作，从总体上保证实现无缺点结果。马丁公司实行“无缺点运动”果然一举成功，合同期限一到便交付出无可挑剔的百分之百合格的产品。

荣事达吸收其中的精华,形成了自己的“零缺陷生产”模式,将“下一道工序是用户”、“换位思考”、“100%合格”等质量意识转变为员工的自觉行动。与此相关的一系列制度纷纷出台，从而实现分散与集中、全员自控与专门控制、内在质量控制与系统信息反馈相结合的“零缺陷生产”质量管理体系。零缺陷供应是零缺陷生产的前提和保证，通过严把质量关，确保提供“零缺陷”的零配件或可辅助件。

从此，荣事达建立了“零缺陷”的企业文化，企业实力进入了新的境界。

精益求精是对结果最好的诠释。一位企业经营者说过：“如今的消费者是拿着‘显微镜’来审视每一件产品和提供产品的企业。在残酷的市场竞争中，能够获得较宽松的生存空间的企业，不只是‘合格’的企业，也不只是‘优秀’的企业，而是‘非常优秀’的企业。你要求自己的标准，必须远远高于市场对你的要求标准，才可能被市场认可。”

美国总统麦金莱在得州的一所学校演讲时，对学生们说：“比其他事情更重要的是，你们需要尽最大努力把一件事情做得尽可能完美。”只有不满足于平庸，才能追求最好。没有人可以做到完美无缺，但是，当你不断增强自己的力量、不断提升自己的时候，你对自己的要求会越来越高，你所取得的成就也会越来越大。

企业只有像荣事达这样，把对质量孜孜不倦的追求上升到企业文化的高度，员工对质量的觉悟才会大大提高。

要提高工作标准，把产品的完美品质视同自己的生命一样珍惜！其实企业应该把完美主义奉行到像生命一样至高无上的地位。以完美主义的标准去要求每天的工作，听起来可能很苛刻，也很困难。但是与生命相比起来呢？你做到像对待仅有一次的生命那样严肃谨慎地去对待你的工作了吗？还是将至高无上的完美主义进行到底吧。

成败往往取决于“最后 1% 的努力”

稻盛和夫从年轻时就把“完美主义”作为人生信条。这一方面和他与生俱来的性格有关；另一方面，这也是他后天在从事产品制造业的过程中学来的。

制作新型陶瓷需要按比例将氧化铝、氧化硅、氧化铁、氧化镁等原料的粉末混合后，放在模具中通过加压成型，再在高温炉中烧结，还要对出炉的半成品进行研磨，对表面进行进一步的金属加工处理。制造一个产品，需要多道生产过程，运用多种生产技术，每道工序都需要相当精密细致的技术。严格的产品需要每个员工在操作时都必须全神贯注，哪怕一个很小的错误，也可能导致前功尽弃，造成产品的致命伤。

所以说一个产品中凝结着 100% 的努力和细致，99%是不够的。一点小问题都不能允许出现。任何时候都要求 100%的“完美主义”。

若少了最后 1%的努力，就会产生不合格品，不光材料费、加工费、电费等，而且前面各道工序所耗费的时间、投入的精力、消耗的人力，所有的一切也会因这一点点不完善而全部泡汤。在生产过程中只要有一道工序出现了微小的瑕疵，之前的全部努力都将化为泡影。同时，还会面临着损失客户的危险。少了那 1% 的努力，前面 99% 的汗水都将付之东流，统统归零，正可谓行百里者半九十。

京瓷按照客户订单加工生产各种电子工业陶瓷零件。京瓷的销售员都是从电器厂家处获得订单，订单上明确标注有对作为机器重要配件的新型陶瓷的规格要求和交货日期。

京瓷提供的配件交货日期是根据客户机器装配的日程安排决定的，预定的交货期必须严格遵守。在生产过程中发生的一点小差错，将会直接导致承诺的交货期无法兑现。违约意味着损害公司的信誉。如果在临近交货期，因某个环节的差错产生了不合格品，而制造这种产品需要两个星期，而问题不巧又出现在最后的生产环节上，那就只有通过延期来解决。

销售员需要立刻向客户解释，低声下气地恳求再宽限两个星期。这时没有及时得到产品的客户往往会很不满意："我们这么信任你们，把这么重要的配件生产委托给你们，没想到竟会连累我们整个生产线停产。""言而无信，再也不想和你们这样的公司做生意了！"

销售员只能无辜地遭到如此的责骂。

把握一件事的成败就是要将每一个环节做透做细做到位。否则，任何一件事都可能因为一点疏漏而成败笔。

完成一件工作无异于完成一件立体的艺术品，某个环节的差错会导致整体的不完美，严重的甚至会使这件艺术品轰然垮塌。如果说 100% 是完美的代名词的话，那么最后的那 1% 便承载着之前 99% 的努力，把它合成 100% 的完美。

1% 是完美的一部分，没有这一点，完美便不成其为完美。把每一件事做细做透做到位对一个企业有着积极的意义。如果每个员工能够信守这一条，拥有完美主义的职业习惯，那么这样的企业一定会拥有很强的竞争力。

不是向“最佳”看齐，而是向“完美”去追求

对任何企业来说，产品的质量都是极为重要的。因为它不仅关系到企业的声誉，而且直接影响到企业的经济效益，关系到企业日后的发展。因此说追求完美的工作质量是企业的生命，是企业的命脉。稻盛和夫把追求完美作为企业的信条，切实地执行，甚至对其他的优秀企业产生了深远的影响。

法国休兰伯尔公司在石油开采领域上拥有高超的技术——能利用电波测定地层状况，确定接近石油层的合适位置，是一个非常优秀的企业。京瓷公司在创业大约20周年的时候，这家公司的董事长詹恩·里夫先生来日本访问。

里夫董事长是一个很出色的人物。他出身于法国的贵族名门，是当时法国社会党实力政治家的朋友，还曾是法国政府内阁候选人。

里夫在访日期间到京瓷拜访稻盛和夫，想与他谈论经营哲学。

京瓷与休兰伯尔公司不属于一个领域，因此当时的稻盛和夫还不太了解休兰伯尔。他在公司和里夫董事长见面之后，在聊天中发现里夫先生果然不同凡响：他拥有出色的经营哲学，能将公司办成世界屈指可数的国际型大公司。

虽然他们第一次见面，却很谈得来。后来，稻盛和夫应邀在美国与他再度会面，促膝长谈直到夜深。

里夫董事长在谈到休兰伯尔公司的信条时说：就是努力把工作做到最佳。

他的这句话又引出稻盛和夫下面的一席话：“最佳”这个词，意思是同别人比较，是最好的。但这只是相对而言的，因此在水平较低的队伍里也存在着他们的“最佳”。京瓷的目标不是向“最佳”看齐，而是向着“完美”追求。“完美”同“最佳”不同，不是同别人比较起来最好，而是带有很强的绝对性的，说明它自身就具备可靠的价值。因为世上没有什么东西能超越“完美”。那天晚上，稻盛和夫就自己的“完美”主张，与里夫董事长的“最佳”信条的讨论持续到深夜。最后，里夫董事长同意了稻盛和夫的观点，并表示以后休兰伯尔公司不再把最佳奉为信条，而是推崇把完美主义作为信条。

追求完美是不放过任何细节，向精益求精的努力。其实，稻盛和夫追求完美的信条可以延伸到任何领域，可谓是一个成功的指示牌。

如果一个企业对产品质量的要求非常严格，重视每一个细节的完美，不允许产品的任何一个细节存在差错；一旦发现某个环节存在缺陷，宁可牺牲产品，也不会放宽对细节的完美追求，那这样的企业一定能从优秀走向卓越。

奔驰汽车已经成为高质量、高档次、高地位的象征，是名副其实的名牌。它的品牌号召力在于它追求完美的高品质。

该公司的一位负责人说：为了杜绝质量问题，奔驰公司对于外厂加工的零部件，只要一箱里有一个不合格，那么这箱零部件的命运将是被全部退回。这种“宁可错杀一千，也不放走一个”的近乎苛刻的管理模式，最大限度地保障了产品的质量。

产品设计对于产品质量来说很重要，这就需要在产品开发的前期进行大量的市场调研，充分了解并掌握潜在客户对产品的需求信息和细节，以便于在产品开发设计过程中保持系统的有效性。奔驰汽车的设计闻名世界，因为他们把汽车设计的每个细节都切切实实地落实在生产过程中，才使产品趋于细致完美。虽然其他许多公司在产品的设计过程中，也都很精心，但最终生产出来的同类产品，质量却与奔驰相差甚远。

奔驰公司也是秉承追求完美这一理念。奔驰生产的发动机要历经42道关卡的考验。有许多像焊接、安装发动机等比较单纯的机械劳动都用机器人工作，这在一定程度上就避免了很多制造细节可能出现的问题。产品在生产组装阶段有专人负责检查，在出厂前由技师对所有的环节综合考查，检验合格后才能签字放行。最后哪怕是汽车表面的油漆有轻微划痕，都必须返工；哪怕对一颗小螺钉，在组装上车前，也必须经过检查。

无论是京瓷，还是奔驰公司，这些事例无一例外地昭示着，正是以追求完美为信条才能使企业拥有细心和细致，才能生产出完美的产品，才有了产品的独到之处，才能使企业的可持续发展成为可能。稻盛和夫对于完美的追求的信条得到了一次又一次的成功验证，他所推崇的完美是非常值得借鉴学习的，所有的企业都应向完美主义致敬。

出色的工作产生于“完美主义”

细心留意一下身边，不难发现，那些能做成事业的人，都是倾向于完美主义，并用心贯彻始终的人。所有的行业、所有的职位无一例外地适用这条规律。

稻盛和夫回忆在京瓷还是小企业的时候，自己在会计方面遇到不理解的地方，就这些情况向财务部长提出疑问。稻盛和夫提的都是“财务报表怎么读”、“复式簿记该怎么处理”等这样的问题，这让财务部长大为头疼。

终于有一次，这位部长说出的数字没有依据，不过在稻盛和夫的连连追问下，他显得非常窘迫，无言以对。最初他不把外行的稻盛和夫放在眼里，但经过稻盛和夫的再三追问，结果证明他的数字是错误的。

他只得小心地连声说“对不起”，立即拿橡皮把错误的数字擦去。

稻盛和夫对于这种做法难以忍受，当时就大发雷霆，严厉地批评了他。

文字、数字错了，即使只是一个半个小错误，也有可能给工作造成致命后果。这位财务部长对于这一点毫无意识。如果这种错误不是发生在财务报表中，而是发生在新型陶瓷的制造过程中，造成的严重损失将不可估量，甚至无法挽回。

也许有很多当会计的人，为了便于修改，常常会先用铅笔写，发现出了错误就用橡皮擦掉再重写，觉得这没什么大不了的。正因为抱着这种态度做事，所以经常是出现了很简单的错误却总是难以改正过来。

李文明是江苏省宿迁市的一名检察官。同事眼中的他是个不折不扣的工作狂。曾和他共事10年的宿迁市反贪局局长张伟平说，李文明就是一个完美主义者，他在工作上事事追求完美，乐此不疲。自1987年从部队转业，始终在办案一线，办案数量年年位居全院第一。不论是在刑检、起诉还是在反贪的岗位上，没有一起超期、退查和漏错。即使是在病床上，他还在看案件的初审报告。在工作中追求完美主义已经渗入他的血液中。

完美是一种境界，做到完美才能超越自我，卓尔不群。在这个丰富多彩的世界上，不在平凡岗位的人，寥寥无几。但在平凡的工作岗位上，取得优异成绩的人又很多，这就是超越平庸，追求完美的力量。

只要我们时刻牢记超越，不断追求完美，一定能够成就自己职业生涯的辉煌。

无论何时何地，“错了改一下就好”的想法千万要不得。平时就要用心做事，不允许自己发生任何差错。秉承着这种“完美主义”的精神才能提高工作质量，同时提升人自身的素质。

以完美为目标就是追求内心的理想

还记得有一位哲学家说过：“人无法做到十全十美，但是只要努力可以做到完美。”

没有一个人可以在每一项领域中都成为世界第一，可是每一个人都可以找到他喜欢的那个领域并成为世界最顶尖。只有追求完美主义，才能出色地工作。

现实中常有这样一些人，他们往往不肯把事情做得尽善尽美，只用“足够了”、“差不多”来敷衍了事。由于他们不会关注细节，所以没有把根基打牢，过不了多久，他们的工作就会像一所不牢固的房屋一样倒塌。其实，很多时候草率和马虎所造成的祸患不相上下。“差不多”有时会差很多，无论是相差 0.1 毫米还是 0.1 秒，都是毫厘之差，天壤之别！

竞技场上，冠军与亚军的区别，有时小到肉眼是无法判断的。比如短跑，第一名与第二名有时可能仅相差 0.01 秒，但是冠军与亚军所获得的荣誉与财富却是天壤之别的，全世界的目光只会聚集在冠军身上。

稻盛和夫说过，要完成一个产品，99%的努力是不够的。一点差错、一点疏忽、一点马虎都不能允许。任何时候都要求100%的完美。他是一个完美主义者，他始终认为每一个完美的结果都取决于贯穿始终的严谨过程。世上可能没有完美，但最难得的是追求完美的过程。

追求完美是一种精神，一种理念，同时也是一种认真的态度和精益求精的工作方式。

当追求完美的目标升华为我们每一个人的内在品质时，它必将作为一种生活方式，对我们的工作和生活产生深远的影响。

美国曾经有一家公司在中国订购了一批价格昂贵的玻璃杯，为了确保生产出高品质的玻璃杯，他们为此专门派了一名代表来监督生产。

一天，这位从美国来的监督员来到生产车间，发现工人们正从生产线上挑出了一部分杯子放在旁边，他上去仔细看了一下杯子，并没有什么特别之处，就奇怪地问旁边的工人挑出来的杯子是干什么用的。

“那是不合格的次品。”工人一边工作一边回答。

美方代表更疑惑了，因为他并没有发现这种杯子和其他的杯子有什么不同之处。于是就让工人详细解释一下。工人回答：“你自己看，这里多了一个小的气泡，这说明这种杯子在吹制的过程漏进了空气。”

“那并不影响使用啊！”美方代表追问着。

工人很自然地回答：“我们既然工作，就一定要精益求精，做到最好，任何的缺点，哪怕是客户看不出来的缺点，对于我们来说，也是不允许的。”

当天晚上，这位美方代表就向总部报告：“一个完全合乎我们的检验和使用标准的杯子，在无人监督的情况下，这个公司的员工用几乎苛刻的标准挑选出来常人无法发现瑕疵的产品，这样的企业又有什么让人不放心的呢？”于是，这家美国公司马上与该企业建立了长期的合作关系。

任何一家公司想在竞争中取胜，都必须先设法使每个员工精益求精、追求完美。否则，公司就无法给顾客提供高质量的服务，就难以生产出高质量的产品，当员工将追求完美作为一种目标，变成一种习惯时，就能从工作中积累更多的经验，就能从全身心投入工作的过程中找到更多的快乐。追求完美和卓越的工作表现，才是我们不断发展进步的驱动力。

马克曾是美国西里克肥料厂的一名速记员。尽管他的上司和同事都有偷懒的恶习，马克仍保持认真做事的良好习惯，重视每一项工作。一天，上司让马克替自己编一本老板西里克先生前往欧洲用的密码电报书。马克不像同事那样随意地写几张完事，而是将它们编成一本小巧的册子，用打字机很清楚地打出来，然后又仔细装订好。做好之后，上司便把这本册子交给了西里克先生。

“这大概不是你做的吧？”西里克先生问。“呃——不……是……”马克的上司紧张地回答，西里克先生沉默了许久。几天后，马克代替了以前上司的职位。

或许大家都有过类似的经历，只是觉得很正常而忽略过去了。殊不知，看起来微不足道的一件小事，却体现着深刻的道理。试想，如果马克没有将细节做到完美的习惯，他能表现得如此尽职尽责吗?

天下大事，必作于细，我们能把每一件小事做好了就是不简单，把每一个细节做好了就会不断趋向完美的境界。就像许多人外出，都要带上一只旅行杯，但是旅行杯的盖子一定要盖好且拧到位，否则，杯里的水就会洒出来。由此想到，任何一项工作如果不做到位，不追求极致的完美，就难以收到预期的效果，甚至会前功尽弃。

每一个人的一生中至少应该有一次疯狂追求完美的体验。只有这样，普通人才能挖掘到自己惊人的潜力。一个人因为热爱最完美的东西，才会追求极致，哪怕一般好都会不满意。懂得这一点，我们就可能憎恨以往的一知半解、三心二意，于是我们的心中就燃起了追求完美的热情火焰。

在稻盛和夫看来，严谨的工作态度和不断追求完美的工作作风是员工必备的素质。我们现在能做的，不是研究别的，而是研究目前你在你的领域中到底排名第几？你销售的产品是不是居于尖端品牌？谁才是这个领域的龙头老大？现在就开始下定决心做得比他更好、更努力，超越他，那么你就一定会成功，并且实现你的人生梦想。

忠告 4

卓越是 99%的汗水加 1%的创新

敢于走别人没有走过的路

稻盛和夫创建京瓷后，一直以一种过人的胆识和气魄开发新产品，不断挑战着事业的新目标和新高度。他说过："京瓷接着要做的事，又是人们认为京瓷肯定做不成的事。"

曾荣获新闻界最高荣誉——"普利策奖"的美国著名记者戴维·哈尔伯斯坦先生就引用过稻盛和夫的这句话。戴维先生在他的著作《下一世纪》中，专门开辟了一个章节，来讲述了京瓷和它的创业者——稻盛和夫的故事。

据稻盛和夫说，他回顾自己至今经过的人生，凡是那些人们用惯的方法、走烂的路，他一概不去做，因为这实在没有什么意义。稻盛和夫是这样说的，也是这样做的，敢于走别人没有走过的路，一直到今天。当然，选择这样一条道路，势必不会那么一路顺风，甚至充满了崎岖和艰辛。

然而，稻盛和夫却凭借着自己坚强的意志，义无反顾地踏上了那条人迹罕至的泥泞小路，坚持着走到今天。

平整宽阔的大道是大家都想走的、都在走的路。选择大多数人想走的路，走着大多数人正在走的路，这样的人生轨迹又有什么趣味和意义呢？只知道步别人的后尘，就只能永远走在别人后面，无法开拓新的事业。

涉足不曾有人走过的新路，虽然过程中举步维艰、处处艰险，却可以在不经意间欣赏到很多别处没有的风景。一路走来，结果往往是成绩卓然、成果颇丰，它可以通向难以想象的未来，那里另有一番光明灿烂的景象。

从京瓷艰难创业到今天的半个世纪中，稻盛和夫孜孜不倦地投入到产品的研究上去，充分利用了所谓新型陶瓷的特性，频频向更广泛的事业领域不断挑战，勇攀高峰。从产业使用的陶瓷零部件到半导体电子封装零部件，从太阳能发电系统到移动电话和复印机等，随后又跨行业涉足通信事业以及宾馆事业等。这条路正是稻盛和夫一点一点自行摸索出来的。

坚持每一天都有新的创造，哪怕是微不足道的一点，这样的进步若能经过十年的累积和历练，就一定可以迸发出巨大的能量。

敢于创新，不走前人的老路，稻盛和夫常用“扫地”作为例子。

比如说以往打扫车间厂房都是从右往左扫。那么，今天尝试一下从四面向中央打扫效果如何？

或者不光用扫帚打扫，使用拖把会怎么样？如果清洁效果还不理想，可以试着向上司提个建议，为公司买进一个吸尘器好不好？虽然吸尘器比较贵，但从长远角度看，可以节省很大一部分人力。再或者进一步，自己开动脑筋改良一下吸尘器的装置，提高它的效率，使它清洁起地面来又快又干净，如何？

这样的话，扫地这么小的一件事，只要肯下功夫和力气，就可以有很多快捷有效的方法。就这样，带着创新精神去工作，长此以往，你就成了扫地专家，会受到车间同事们的赞扬。这时你的领导很有可能把整幢大楼的清扫工作交给你负责。时间一长，你完全有能力和实力创立一个专门清扫大楼的专业公司，并让这个专业队伍不断发展壮大。

而事实上，有很多人会认为自己“不过是个扫地的清洁工”，懒于进取、漫不经心。那么这样的人就绝不会有所长进，多少年之后还是老样子，仍然磨磨蹭蹭，用扫帚从右往左打扫着地面。

这只是一个简单的小例子，其实工作和生活中应该有气魄去走一条新路，凭借自己的创造去进行每一天的积累。

无论所从事的岗位是多么渺小，都带着积极的态度去完成工作，带着问题意识，对现实状况开动脑筋去改良或改革方法，可以提高工作效率，长期坚持便是一条成功之路。有无这种精神很可能是成功与失败的分水岭。

选择一条别人没有走过的路，发挥你的创造力，并不断加以坚持，这便是成功之路的开端。

年轻时的苦难出钱也要买

认真工作能扭转人生，话虽这么说，但稻盛和夫讲他本人原本也不是一个热爱劳动的人，而且曾经一度认为，在劳动中要遭受的苦难考验简直是难以接受的事。

在稻盛和夫的孩提时代，父母常用鹿儿岛方言教导他说：“年轻时的苦难，出钱也该买。”

那时的稻盛和夫还只是一个不知轻重、出言不逊的孩子。每当这时，他总是反驳道：“苦难？能卖了最好。”

通过辛勤的劳动可以磨炼自身的品格，可以修身养性，这样的道德说教，稻盛和夫也同现在大多数年轻人一样，曾不屑一顾。但是，稻盛和夫大学毕业后，就在京都一家濒临破产的企业“松风工业”就职。不久，这个年轻人的这种浅薄幼稚的想法就被现实彻底地粉碎了。

松风工业是一家制造绝缘瓷瓶的企业，原本在日本行业内是颇具代表性的优秀企业之一。但在稻盛和夫入社时早已经面目全非，迟发工资是家常便饭，公司已经走到了濒临倒闭的悬崖边缘。

当时的松风工业状况相当不佳：业主家族内讧频繁不断，劳资争议不绝于耳。有一次稻盛和夫去附近的商店购物时，商店老板用同情的口气对他说：“你怎么来这儿了？在那样的破企业工作，以后找不上老婆啊！”

很自然，与稻盛和夫同期入社的员工，一进公司就觉得“这样的公司令人讨厌，我们理应有更好的去处”。于是，大家聚到一块儿时就牢骚不断。

当时正处于日本的经济萧条时期，稻盛和夫也是靠老师的介绍才好不容易进了松风工业，原本应心怀感激之情，情理上就不应该说抱怨公司的话了。然而，当时的稻盛和夫年少气盛、心性高傲，早把介绍人的恩义抛在脑后，尽管自己对公司还没做出过任何贡献，但牢骚话却比别人还要多。

稻盛和夫入公司还不到一年，同期加入公司的大学生们就相继辞职离开了，最后留在这家公司的除了稻盛和夫之外，还有一位九州天草出身的京都大学毕业的高才生。两个人商量过后，决定去报考自卫队干部候补生学校，结果两个人都考上了。

但入学需要户口簿的复印件，于是稻盛和夫写信给在鹿儿岛老家的哥哥，请他寄来复印件，但等了好久毫无音讯。结果是稻盛和夫的那位同事一个人进了干部候补生学校。

后来稻盛和夫才知道，老家不肯寄出户口簿复印件给他，是因为当时他的哥哥非常恼火："家里节衣缩食把你送入大学，多亏老师介绍才进了京都的公司，结果不到半年你就忍受不住要辞职？真是一个忘恩负义的家伙。"哥哥气愤之余拒绝寄送出复印件。

最后，只剩稻盛和夫一个人留在了这个破败的公司，他非常苦恼。

那时候的稻盛和夫想，辞职转行到新的岗位也未必一定成功。有的人辞职后或许人生变得更精彩了，但也有的人人生却变得更加凄惨了。有的人留在公司，继续努力奋斗，取得了成功，人生很美好；也有人虽然留任了，而且也努力工作，但人生还是很不如意。所以各种情况都因人而异吧。

究竟离开公司，还是留在公司，哪个选择才是正确的呢？烦恼过后的稻盛和夫作了一个决断。

正是这个决断，稻盛和夫迎来了人生的转折。

只剩他一个人独自留在这个衰败的企业了，被逼到了这一步，他反而感到清醒了。"要辞职离开公司，总得有一个名正言顺的理由吧，只是因为感觉不满就辞职，那么今后的人生也未必会一帆风顺吧。"当时，稻盛和夫还没有找到一个必须辞职的充分理由，所以他决定先埋头努力工作。

不再发牢骚、说怪话，稻盛和夫把心思都集中到自己当前的本职工作中来，聚精会神，全力以赴。这时候的稻盛和夫才开始发自内心并用格斗的气魄，以认真的、诚实的态度面对自己的本职工作。

在这家公司里，稻盛和夫的任务是研究当前最尖端的新型陶瓷材料。他把锅碗瓢盆生活用品都搬进了实验室，住在那里，不分昼夜，废寝忘食，全身心地投入了研究工作。

这种“极度认真”的忘我工作状态，从旁人看来，便有一种悲壮的色彩。

当然，因为是最尖端的研究，像拉马车的马匹一样，光用蛮力是不够的。稻盛和夫订购了刊载有关新型陶瓷最新论文的美国专业杂志，一边查阅辞典一边阅读，还到图书馆借阅有关的专业书籍。稻盛和夫往往都是在下班后的夜间以及休息日抓紧时间，如饥如渴地学习、研究。

在这样拼命努力的过程中，不可思议的事情发生了。

稻盛和夫大学的专业是有机化学。只在毕业前为了求职，突击学了一点无机化学。可是当时，在他还是一个 25 岁都不到的毛头小伙子的时候，居然一次又一次取得了出色的研究成果，成为无机化学领域里初露锋芒的新星。这全都得益于稻盛和夫的重要决定——专心投入工作。

与此同时，进公司后打算要辞职的念头，以及“自己的人生将会怎样”之类的迷茫和烦恼，都消失得无影无踪了。不仅如此，稻盛和夫甚至产生了“工作太有意思了，太有趣了，简直不知如何形容才好”的感觉。这时候，原本的辛苦不再被当作辛苦，他只有更加努力地工作，周围人们对他的好评也越来越多。

在这之前，稻盛和夫的人生可以说是连续的苦难和挫折。而从此以后，不知不觉中，他的人生产生了根本的转变，步入了良性循环。

所谓困难，只是一时的。不管在多艰难的环境中，不懈坚持认真地、诚实地工作，能成为一个人人生中重要的转机。

对有志者来说，困难无非是通往成功之路上的一块小石头，对付它的方法就是，要么将它踢掉，要么视而不见从它身上走过去。成大事者，就需要这种万古皆在手中的气魄，唯有如此，困难才不会成为困难，而是通向更高层级的跳板。

持续的力量能将“平凡”变为“非凡”

不积跬步，无以至千里；不积小流，无以成江海。看起来平凡的、琐碎麻烦的工作，只要能以坚韧不拔的意志、坚持不懈的毅力去做，就能成就事业，体现人生的价值。

有一位大学刚毕业的小伙子，在一家非常普通的公司工作。新员工都是从基层开始做起。很多大学毕业生都在抱怨：这么没有技术含量的工作为什么要我们来做？而这位年轻人却二话没说，每天都认认真真地去完成领导交代给他的每一件任务，而且在空闲之余还主动帮助其他同事做一些最累最辛苦没有人愿意做的工作。由于他的心态良好，没有厌倦工作，从而把事情做得有条不紊。他是个有心人，他把自己的工作详细地记录下来，一遇到自己解决不了的麻烦，就虚心地去请教老员工。由于他平时经常帮助别人，在他需要帮忙时大家也乐意帮他。就在他刚刚工作一年的当口，就被提拔做了车间主任；过了两年，他已经是部门的经理了。而和他一起进去的其他大学生，却还在最底层原地不前，每天抱怨。

每个人生来都是凡人，是凡人就会做一些平凡的事情，就职于平凡的岗位，从事着平凡的工作。但人又常常喜欢不切实际地追求华丽的人生，每当这时候，他们就会抱怨环境，抱怨命运让自己如此平凡，不愿意认真去做平凡的事，那么成功会弃他而去。

其实那些靠自己改变命运的人都只是普通人，与常人不同的是他们在平凡的工作中付出了巨大的努力，倾注了全部的热情，忍受了反复的挫折。怨天尤人是对自己的姑息，为自己的懒惰找借口。

奥普浴霸的创始人方杰，早在澳大利亚留学的时候，就有一种学习的意识。他选择到澳大利亚最大的灯具公司打工，当时的他还是个毛头小子，根本还不懂什么叫商业谈判。方杰当时的老板是个生意谈判场上的高手，一有机会与老板一起进行商业谈判，他便用口袋里放的微型录音机把谈判过程全都录下来。

回家后，他便一字一句反复地听，揣摩、学习自己的老板分析问题的方法，对方提问的路数，以及老板巧妙回复的答案。就这样，几年后方杰也脱胎换骨，俨然成了一个商场谈判的高手。后来他的老板退休，由方杰接替他的工作。

1996 年，方杰几乎成了澳大利亚身价排名榜首的职业经理人。再后来，他回国创业，打响了奥普浴霸的品牌。而方杰并不是一个做生意的天才，他的非凡才能是通过自己持续的努力而获得的。

在创业者中，并没有哪个成功者在智力上有极为出类拔萃之处，但是他们有一个共同点，就是看上去毫不起眼，只是认认真真、孜孜不倦地努力。他们不骄不躁、踏实认真，持续的力量赋予他们超人般的能力。

稻盛和夫曾经的一个同事也是如此，只有初中学历的忠厚老实略有些愚钝的他，经过几十年的认真苦干，最后成了一位非常有人格魅力的优秀的事业部长。稻盛和夫用人的理念就是：要提拔加倍努力、刻苦钻研、一直拼命工作的人。

罗马不是一天建成的，事业也不是一天完成的。再伟大的理想，也要靠一步一个踏实的脚印去征服、去实现。

创造的世界没有标准，唯有找到指南针确定方向

稻盛和夫说：“成功的基础是强烈的愿望。”这并不是提倡空想，在稻盛和夫看来，创造性的活动需要不断地去思考，不断地去构思，这样我们的头脑中将会浮现出那个“看得见”的即将实现的现实。

稻盛和夫在研究开发新材料的过程中，不仅仅是一而再，再而三地产生某种强烈的愿望，他还在大脑中反复进行着模拟实验，心中推演着各种迈向成功的过程和途径。就像围棋手一样，每走一步都是经过慎重的思考和推敲的，在他们的脑中一次又一次地在模拟演练着达到目的的过程，然后用这个过程和方向不断指导自己的下一步走法。

在稻盛和夫看来，当我们面对困难和疑惑，选择锲而不舍、反复思考的时候，成功的道路就好像曾经走过似的“逐步清晰”了。那些曾经只出现在愿景里的东西就会逐步接近现实，不久愿景与现实的界限消失，似乎已经成现实。

但是，如果我们的脑中呈现的景象是不鲜明的黑白色那还不够。想要更加接近现实，就要看到色彩鲜明的景象——这种状态是真实发生的。稻盛和夫比喻这个过程就好像是体育运动中的意象训练，意象最大限度地浓缩，就是能看见“现实的结晶”。相反，如果做事情之前我们并没有强烈的愿望，也不去深入地思考和推敲，那么就不会清晰地看见完成时的形态。

不论做什么事，成功的关键在于我们行动之前对自己有什么样的期待和构想，制定什么样的目标和规划。你应该懂得，用什么标准来衡量自己，别人就会用什么样的标准来评估你。

有个人经过一个建筑工地，问那里的工人们在做什么？三个工人有三种不同的回答：

第一个工人回答："我在做养家糊口的事，混口饭吃。"

第二个工人回答："我在做整个国家最出色的石匠工作。"

第三个工人回答："我正在建造一座大教堂。"

三个工人回答出了三种不同的目标，第一个工人认为工作的目的是为了养家糊口，他的愿望只是想实现自己基本的生活需求，没有什么远大的抱负；第二个工人说出了自己的梦想是成为全国最出色的匠人，他的思维方式只考虑自己要成为什么样的人，很少考虑这份建筑工作最后要达到的目的和要求；而第三个工人的回答说出了创造性活动目标的真谛，他清楚地知道自己将来要实现的愿景是建造一座大的教堂，这就把自己的工作目标和组织的目标结合起来，从组织价值的角度看待自己的发展。这样的员工事先就可以看到"完成时的状态"，所以第三个工人才会更容易走向成功。

凡是事业成功的人，大都有两个相似点：一是明确地知道自己事业的目标；二是不断朝着目标前进。目标的意义不仅仅是目标本身，它就像人生的指南针一样，是我们行动的依据，信念的基础，创造的源泉。

世界潜能大师博恩·崔西曾经说过这样的话："成功等于目标，其他都是这句话的注解"，没有强烈愿望产生的动力，没有既定目标实现的规划，那么成功又从何谈起呢？

法国科学家约翰·法伯把喜欢追随同类的毛毛虫放在了一个花盆的边上，使它们首尾相接围成了一个圈，他在花盆中洒了一些毛毛虫喜爱吃的松针，毛毛虫中开始一个跟着一个，绕着花盆，一圈又一圈地走。一个小时过去了，一天过去了，毛毛虫还在不停的一圈一圈地转。

连续经过七天七夜，这些毛毛虫终因饥饿和筋疲力尽而死去。

为什么会出现这种毛毛虫效应呢？就是因为毛毛虫习惯了重复现成的思考过程和行为方式，它们不会独立地思考和创新，也没有什么明确的目标，只是人云亦云，别人怎么做我就只管追随，所以才酿成了这样的悲剧。

稻盛和夫在开发新产品的时候，往往已经看到了产品将来应该有的状态，所以他对产品的要求是没有一点瑕疵。当公司员工开发出的产品已经充分满足了式样和性能的标准要求时，还是得不到稻盛和夫的认可。因为凭借着稻盛和夫多年以来对这一领域知识的熟知和深思熟虑，他能看见他脑中理想水准的产品。所以普通水准要求并不是他的目标。

在稻盛和夫看来，想要成就某项事业，就应该时刻描绘这一事业的理想状态，然后把这一理想提升为强烈的愿望。同时，对于实现这个理想的过程也要24小时不断地反复思考，直到成功的形象在眼前鲜明浮现。这一点很重要，当你对事情的各个细节都有明确的印象时，最后的结果一定是成功。很多人在创业或者求学伊始，就为自己设立了远大的理想，但是到具体实施、努力的时候，却不知道该怎么做，有种毫无头绪的感觉。那么我们就应该静下心来，为自己的理想制定一份详细、切实可行的计划。

如果在创造的道路上，我们认定了一个目标，就应该坚定不移地走下去，其间或许遇到许多困难的挫折，甚至是反反复复的实践，但我们也不应该就此罢休。我们要以积极的态度、顽强的精神，去检验过去所制定的目标和所运用的方法中存在的问题。在此基础上选择新的前进路线，通过另外的途径向既定的目标前进，就会出现柳暗花明又一村的境界。

成为“自燃型”的人

稻盛和夫把人像物质一样分成了三种：自燃型、可燃型和不燃型。自燃型的人比较坚强，他们很容易把自己燃烧起来，发出光和热；可燃型的人像木材或煤块，找得到火种，他们才可以燃烧；而第三种不燃型，没有被点燃的可能，即使有了火种，却依然冰冷，无动于衷，甚至会泼冷水。

到底什么样才是自燃型的人呢？也许四川省宜宾市的一位普通农民张春群的做法会给我们一些启示。

张春群是一位 26 岁的年轻母亲，从小家境就不好的她从没读过书，斗大的字不识一箧。常年在外地打工异常辛苦，她切身体会到没有文化的痛楚，她思前想后，终于决定回到家乡，与村里的孩子们一起上了小学一年级。家人不理解，乡亲们冷嘲热讽，这给了她很大压力，甚至动摇了自己上学的决心。但最终她依然决定继续读下去，她不仅战胜了自我，最终也赢得了家人的支持。她每天一大清早就步伐坚强地走在通往学校的羊肠小路上，傍晚和孩子们背起书包一起回家。有记者采访张春群，问她怎么有那么大的定力去坚持读书的举动时，她回答说：“我上学不为做官，不为挣钱，只为弥补生命的缺陷……”

这就是自燃型的典型，他们都是自我燃烧，绝不是按别人的指示，机械地等待别人吩咐才行动的人。他们拥有自己强大的理想，拥有自己强大的动力。

一般经营者每天都会考虑公司应该做什么，怎么做才能更好之类的问题。他们会很需要自燃型的人。稻盛和夫经常对公司的员工说，希望大家都能成为乐于自我燃烧的自燃型，至少是可燃型的人，公司不需要不燃型的人。因为一般从组织上看，不燃型的人过于自我，不够积极热情，时不时还会给干劲十足的人泼冷水。这种负能量的巨大消耗致使公司内形不成一个核心的凝聚力，在企业团队中，即使只有一位不燃型的人，氛围也会变得沉闷压抑，难以开展工作。这种人冷若冰霜，表情淡漠，永远与周围人热火朝天的干劲绝缘，着实不怎么讨人喜欢。

自动自发地工作是一种重要的工作态度，对一个人的成功与否起着至关重要的作用。当你的能力和自动自发的意识、积极心态结合在一起时，就能创造出骄人的成绩。

有一家公司的老板脾气暴躁、性子又急，他的下属一旦做错事或有事情令他不满意，就会被他骂个狗血淋头、无地自容，一点面子都不给。公司里的员工都怨声载道、工作懒散、消极恶毒的话满天飞。莱恩是这家公司的主管之一，全公司唯有他不讲消极的话。他每天主动地向老板汇报工作进度，并递交计划；在被老板大骂的时候，他总是马上道歉，保证第二次不会再犯，并且他真的没有再犯过。他总是把老板即将要求的事情提前完成，可老板依旧和以前一样经常对他发火。公司里的同事都说他是白痴，都劝他别那么卖力。可莱恩每次都只是笑笑，一如既往。

老板经常在自己的朋友面前提到莱恩，表扬和赞赏他，并且渐渐地让他参与公司发展策略的重要讨论。莱恩仍旧跟往常一样尽力把工作做好。半年后，莱恩晋升为部门经理，老板把许多重要的事情都直接交给他做，对他非常放心。而公司原先的那些同事则变成了莱恩的下属。

在自动自发地工作的背后，需要你付出的是比别人多得多的智慧、热情、责任、想象力和创造力。永远保持一种自动自发的工作态度，是对自己的行为负责。命运掌握在自己手中，“做一天和尚撞一天钟”的态度千万要摒弃。

凡是能成大事的人都是自我燃烧型，他们是性能最高的类型。他们自发而动，他们的精力永远像刚刚充过电的电池一样饱满，他们无须向外界索取什么，通常在指令下发以前就行动起来，率先做出成绩成为别人心中的范本。他们的能动性、积极性像火种一样，可以引燃周围人的激情。投身一项事业需要相当巨大的能量，自燃型的人才是事业中的主角，他们不仅用自我燃烧激励自己，他们燃烧自己时释放出巨大的光和热，同样温暖点亮了他人。他们熊熊燃烧的气势会感染周围的人，带动他们也投身于事业当中。

稻盛和夫说，想成为自我燃烧型的最佳手段就是热爱自己所从事的工作。

奥斯特洛夫斯基曾经在一篇文章中大声疾呼：“谁不能燃烧，就只有冒着黑烟白白耗尽生命——这是真理。生命的烈火万岁！”不可燃型的人或者可以说是有一定的能力或是才艺过人，但是缺乏热情和激情，常抱着否定一切，事不关己的冷漠态度，无异于冷血，难以有所成就。多数不燃型的人最终也没能发挥能力，直至生命结束也没有任何改变。人的生命就是这样，不愿燃烧唯一的结局就是在平庸中渐渐走向死亡。

在中国古老的神话传说中，凤凰是一种美丽绝伦的神鸟，而她又充满智慧，为了永远保持亮丽的羽毛和年轻的心，五百年她就涅槃一次，在熊熊燃烧的烈火和炽热的灰烬中重生，开始新的生命历程！成为自燃型的人吧，突破“旧我”创造“新我”，只有不断地自我超越才能实现人生的理想！

忠告 5

以高目标为动力，不断要求自己

定了计划，切实执行才有意义

实现新的计划关键在于不屈不挠、全心全意。所以，必须聚精会神，抱着崇高的思想和强烈的意愿，坚韧不拔地奋斗到底。

这一段话，是从提倡积极思考的哲学家中村天风先生的著作中摘录的。稻盛和夫曾在 1982 年京瓷的经营方针发表会上把这段话作为口号提出。

如果你希望新的计划得以实现，那么，不管遇到什么样的困难都绝不能放弃。必须全神贯注、一心一意，用高尚的思想和强烈的愿望不断描绘心中的蓝图。这一点颇为重要。因为再好再完善的计划不去执行，也是一纸空文，毫无意义。只要做到切实执行心中的计划，那么无论怎样困难的目标都一定能达成。

稻盛和夫想通过这句口号表达：在人的思想、愿望里面潜藏着成就大事业的能力。尤其是，如果这种思想、愿望是高尚、纯粹而美好时，并且能一以贯之，那么，它将会发挥最大的力量，为人们圆了那个本认为无法实现的梦想。

有一群老鼠开会，讨论怎样应对猫的袭击。一只被认为聪明的老鼠提出，在猫的脖子上挂一个铃铛。这样，猫行走的时候，铃铛就会响，听到铃声的老鼠就可以及时跑掉了。大家都认为这是一个好主意。可是，由谁去给猫挂铃铛呢？怎样才能挂得上呢？这些细节问题却无从解决。于是，“给猫挂铃铛”就成了鼠辈空话、人类笑谈。应该说，这群老鼠的头目应该辞职，因为它不能带领团队完成使命。

与空谈相对应的是执行力很强的罗文。

美西战争爆发之时，美国总统必须马上与古巴的起义军将领加西亚取得联络。加西亚在古巴的大山里，没有人知道他的确切位置。可美国总统必须尽快得到他的合作。有什么办法呢？有人对总统说：“如果有人能够找到加西亚的话，那么这个人一定是罗文。”于是，总统把罗文找来，交给他一封写给加西亚将军的信。罗文中尉拿了信，用油纸袋包装好，上了封，放在胸口藏好；坐了 4 天的船到达古巴，再经过 3 个星期，徒步穿过这个危机四伏的岛国，终于把那封信送给了加西亚。罗文之所以被关注，除了一路的艰辛之外，还有他对目标的执着。需要强调的重点是，美国总统把一封写给加西亚的信交给罗文，罗文接过信之后并没有问：“他在什么地方？”

有很多人在新的计划制定不久时开始担忧市场环境变化，担心遭遇意料之外的障碍，害怕出现失败的结果。然而，一旦心中萌生出这种杞人忧天的烦恼，哪怕产生一丁点的焦躁和恐惧，那么这种“思想、愿望”所持有的力量就会大幅减弱，计划执行之中会受到更多心理因素带来的副作用，最后目标难以成为现实。

稻盛和夫在提出这一口号的两年之后，毅然决定投身于第二电信这项宏大的事业。其实很大的原因是为了亲自证明人切实地执行提出的计划，究竟能够成就多么伟大的事业，并借此来激励更多的人投入到事业当中来。

“乐观构思，悲观计划，乐观实行”，这就是稻盛和夫向新课题发起冲击的最好办法。每天努力的积累,会使人达到不曾想到的极高境界。高目标就是促使个人和组织进步的最大动力。

有了计划，不去落实在行动上，就什么都实现不了。无论对工作，还是对人生而言，这都是铁的法则。

始终以百米赛的速度奔跑

稻盛和夫曾说过，人生相当于一场满场的马拉松比赛，只有始终以百米赛的速度奔跑才有资格赢得最后的胜利。

只有笑到最后的，才笑得最好。在成功来临之前，要百折不挠，坚韧不拔;不能给自己设置界限，不要向自己的惰性妥协，要不厌其烦，持续挑战。这样才有可能把赛道上的路障变为机会，把劣势转为优势，把弱项变成强项。

如果把在上海世博会的安保工作比喻成一场马拉松赛，那么对手没有别人，只是自己。92 天的开门迎客，每一天都是一个生动的秀场，精彩纷呈,碰到不一样的人群,解决各种各样的难题。92 天的高温酷暑，随着最初的新鲜感逐渐淡去，劳累和炎热无疑都成为对安保人员身体和心理素质的考验。

比如说 C 片区女民警考虑到游客总是在入园的第一时间到热门场馆排队，一排就是几个小时，喝水问题得不到解决。于是就在游客排队期间，民警承担起帮助游客买水打水等跑腿的工作。这些事情本没有在工作职责中涉及，但他们从最初的“被求助”到主动为游人提供帮助，就是这种每天都竭尽全力去做好自己的工作想法，并用这种全力奔跑的速度去迎战92天的马拉松赛。

不管什么比赛项目，只要发令枪一响，就一定要想着成功全速前进。稻盛和夫认为，执着强烈的信念，以及不达目的誓不罢休的决心和力量，是成功的必要条件。

不难发现，其实所谓始终以百米速度奔跑，隐含了两个关键词，一个是努力，一个是坚持。努力是竭尽全力的努力，坚持是锲而不舍的坚持。无论是工作还是生活中，成功的过程漫长而艰苦，努力提供了速度维度的保障，坚持提供了时间维度的保障。

狩猎民族外出狩猎时，一般手执梭镖或吹箭，腰间带上可供几天消耗的食物和水，希望能围捕到猎物，以维持全家人的生计。然而捕获猎物却充满危险和辛苦。他们要跟随动物的足迹，日夜不停地追踪它们的去处，在找到猎物的巢穴后，还要冒着生命危险，以巨大的勇气突袭并杀死猎物。捕猎成功后，他们还要扛着自己的战利品，再花上几天几夜奔走，拖着疲惫的身躯回到家中，给等候着他们凯旋的族人们分发战利品。

想在严酷的环境下维持生存，具备洞穿岩石般坚强的意志是最重要的。一旦目标出现，在成功捕获之前，就要持续地追击，锲而不舍，坚持到底，绝不放弃，不管碰到何种阻力。狩猎民族的这种性格，在我们要达成目标时必不可缺。这种执着之心，就是坚强的意志，是合成成功不能缺少的元素。

无论是世博会中尽心尽责的安保人员，还是勇敢坚定的狩猎民族，他们都在以百米冲刺的速度奔跑着，一刻也没有停下。

在商场中更是如此，赛场上的选手很多，竞争也很激烈，可能稍有迟疑就会被后面的人追赶上，不拿出百米冲刺的劲头就会被超过，甚至会被远远地甩在后面。商场如战场，很残酷也很公平，如果不竭尽全力就会在竞争中输得很惨。所以说，只有努力还不够，要付出不亚于任何人的努力，坚持住最快的速度才能超越强者，保持领先。

稻盛和夫认为，秉持坚定的意志力，一步一步、一天一天、脚踏实地付出全部努力的人，不管路途多么艰险崎岖，多么迂回漫长，他一定能捧回荣耀的奖杯。

竭尽全力、锲而不舍是成功的心脏，希望每一个人在生活和工作的道路上跑得更坚实，跑得更愉快。

勇于接受挑战，生命才会日渐茁壮

有困难的地方就有挑战，接受了挑战，生命才有了不断成长的可能。对于一棵小草来说，经受风吹雨打对它来说是一场艰难的考验，只有勇敢坚定地站立在风雨中，才能再次拥抱阳光。风雨的洗礼能使它更加茁壮。同样，艰难困苦正是我们成长的机会，我们应该认识到这一点。

稻盛和夫在刚刚参加工作时，公司的破败使他无比沮丧。每当工作之余，疲惫、寂寞、孤单、苦闷种种烦恼不断袭来。于是他常在夜晚宿舍后面的河堤边，坐下来仰望天空。

无论是星斗漫天还是月色清明，无论是风雨欲来还是阴雨连绵，稻盛和夫总是独自一人出现在河堤边，静静地思念故乡，思念故乡的父母兄弟，轻声吟唱《故乡》等歌曲或者童谣。

宿舍的同事们看到这种情况就议论开了：稻盛和夫又在哭泣了。

其实稻盛和夫是在用自己的方式给自己疗伤，激励自己接受挑战，继续前进。

每次他唱完故乡的歌转身走回宿舍时，痛苦和无助都烟消云散，心境豁然开朗，满怀着的是对明天的希望和面对未来的勇气。

挑战是一场战役，只有勇敢地打下去，才能骄傲地挂上成功的勋章。

人在一帆风顺的时候往往容易松懈自己。有已经取得了成功的人，陶醉于成功的美酒中，不思进取，最终走向衰败，这样的事例并不在少数。

京瓷最初的客户是松下，而松下的采购部门总是对供应商很苛刻，把价格压得很低。京瓷作为供应商之一，没有认输，迎着困难而上，逐个攻破难题，取得了长足的发展。而其他的供货商对松下的不满情绪已经接近憎恨，由于他们一味向松下发泄不满而没有做出达到标准的零部件，不少企业都倒闭了，在商海竞争中沉船海底、销声匿迹。

然而，稻盛和夫却对松下怀有深切的感激：正是松下当年的苛刻要求，锻炼了京瓷，考验了京瓷，这迫使京瓷刻苦钻研，从刚开始起步的二三流的水平一直蓬勃发展到拥有全世界通用的、具有全球竞争力的技术，用产品品质和价格打败美国同行，拿下美国西海岸半导体市场的订单。

针对自身所处的环境，是采取屈服的姿态、拒绝的态度，还是把困难的任务作为对自己的考验，把它当成自己发展的机会，以积极的态度去应对？不同的态度，指向不同的道路，二者最后的处境大相径庭。无论是工作还是人生，都是同样的道理。从正面去迎接难得的挑战机会，会在不知不觉中积蓄力量，必将使生命更加茁壮。

“已经不行”只是幻象，一切才刚刚开始

稻盛和夫在工作中一直坚持这样一种理念，当项目遇上难以克服的困难，认为“已经不行了”的时候。其实这并不是终点，而是重新

开始的起点。

记得曾经有记者问到京瓷研究开发项目的成功率，稻盛和夫是这样回答的：“凡是着手开发的研究项目都必须有百分之百的成功率！”这句话听上去令人难以置信，但实际上，稻盛和夫真的做到了，在京瓷公司里，不管是什么项目，他都要做到成功为止。正是这种强烈的信念，以及不达目的誓不罢休的执着，才成就了京瓷今天的辉煌。

稻盛和夫始终坚信，即使在工作被逼入“计穷策尽，已无办法可想”，不得不放弃的地步时，也不是终点，而是第二次开始的起点。他认为，只要我们用更坚强的意志和更炽烈的热情投入战斗。那么，不管碰到何种阻力，坚持到底就会成功。

成功根本没有秘诀，如果有的话，就只有两个，第一个是坚持到底，永不放弃；第二个就是当你想放弃的时候，回过头来再参照第一个秘诀去做：坚持到底，永不放弃。

人生不是无畏的征程，而是一场艰难的跋涉。失败、挫折都充满着人生的道路。但只要心中拥有一个信念——永不言弃，终有一天“山重水复”会变成“柳暗花明”。只要直面不顺和失意，我们不停地努力，不停地向着梦想的地方坚定地飞翔，那么成功距离我们将不再遥远。

英国剧作家柯鲁德·史密斯曾经说过：“对于我们来说，最大的荣幸就是每个人都失败过，而且每当我们跌倒时都能爬起来。”

很多失败的人一遇到困难就举起双手，把成功的机会拱手让人。我们也许暂时失败了，但只要我们不轻易放弃，就一定会有机会。

世间的万物生灵都有着顽强的毅力，小到一粒种子，大到人类。它们越是在艰难的时候，越是会显示出最强大的力量。永不言弃的精神就像是一把无坚不摧的利剑，一路披荆斩棘，为我们创造人生的辉煌。

在稻盛和夫看来，正是因为不断地经受磨难，人才能变得更加坚强。的确，人们从失败的教训中学到的东西，总会比从成功的经验中学到的要多。所以“永不言弃、坚持不懈”的信念早已深深扎根于稻盛和夫的观念中。

永不言弃就是无数次失败后的最后坚持，是第100次的跌倒，第101次站起来的勇气。西西弗斯因为受到宙斯的惩罚，每天都要把一块石头推到山顶，可是他费九牛二虎之力推上去的石头，到夜里都会自动滚下来。可是西西弗斯还得照样往上推，永不放弃。最后宙斯无可奈何，恢复了西西弗斯的自由，让他重返天庭。西西弗斯这种顽强的毅力可以征服世界上任何一座高峰。

当失败把你打倒在地的时候，请选择坚强地爬起来。正如稻盛和夫提倡的——“‘已经不行’只是幻象，一切才刚刚开始”。永不放弃，坚忍不拔，跌倒的教训就会成为有益的经验，帮助你走向未来的成功之路。

能力要用“将来进行时”

在我们为自己的人生设立规划和目标时，稻盛和夫主张，要设定“超过自己能力之上的指标”。要设定现在自己“不能胜任”的有难度的目标，同样，这个目标也是你要“在未来某个时间点实现的目标”。

稻盛和夫一直鼓励自己的员工要想方设法提高自己的能力，以便在“未来这个时点”实现既定的目标。他不提倡用员工现有的能力来判定他们未来的发展高度。稻盛和夫认为，只要有强烈的愿望，有挑战新领域的勇气，有为事业奋斗不息的执着，那现在做不到的事，将来一定可以做到。

高尔基曾说："一个人追求的目标越高，他的能力就发展得越快，对社会就越有益。"对自己设定更高的要求是一件很重要的事情，因为工作会随着志向走，成功会随着工作来。一个人只有树立远大的理想和目标，才有可能去为之奋斗，去实现自己的理想，才有可能突破现在能力的局限，走向成功的彼岸。

现实生活中，我们经常听到，很多人在工作中轻率地给自己下结论说："我不行，做不到。"他们仅以自己现有的能力就断然否定了自己。在稻盛和夫看来，这种想法是错误的。因为他们没有看到人的能力都有无限伸展的可能。我们要坚信自己的能力，在未来，一定会提高，一定会进步。

面对难题，我们首先要做的就是相信自己，相信自己每天都在进步，相信通过努力，通向未来的大门一定会敞开。

每天进步一点，是卓越的开始；每天多做一点，是成功的开始。

一个人的成功并不是因为他先天的能力有多高，条件有多好。而是靠一步一个脚印走出来的，是经过长年累月的行动与付出累积起来的。人生的差别就在于这一点点之间，如果每天与别人差一点点，几年下来，就会差一大截。如果我们的人生持续不断地每天进步 1%，一年便进步了 365%，长期下来，你一定会有一个高品质的人生。

在企业的经营管理中，稻盛和夫认为，一个有追求的员工，一定要把"梦"做得更高些。虽然开始时只是一个梦想，但只要不停地做，不轻易放弃，梦想总能变成现实。因为昨天的梦想，可以是今天的希望，并且还可以成为明天的现实。

行为是行为结果的函数。任何微小变化的积累，最后都会对结果造成巨大的影响，成功也来自诸多因素的几何叠加。现在的你能力高低不重要，重要的是你现在就开始努力，让每一天都过得充实与饱满。能力要用将来进行时来衡量，现在你的每一点进步犹如涓滴之水，最终聚集成磨损大石的能量。

忠告 6

每天进步一点点，在平凡中不断突破

今天要比昨天更好，明天更要胜过今天

人的一生要度过许多的“今天”，可以说，这样的每一天都是组成人生的基本构件。然而看似简单的人生却常常会在迷惑中度过。尤其是对那些认真工作的人来说，这样的迷惑或许就更深些。他们会思考自己究竟为了什么去从事这项职业，不断思索劳动的目的，思考工作的意义。也许越是苦苦思索，越是不得其解。

就连稻盛和夫也深陷在这个谜题之中。

在稻盛和夫参加工作后的第一家公司，他反复进行着有成功也有失败的实验。当时在无机化学研究的同龄人中，有人赴美留学，拿着丰厚的奖学金；有人在知名的大企业，用最领先的设备进行最尖端的实验；稻盛和夫在这么一个濒临倒闭的企业里，日复一日地用简陋的设备做着混合原料粉末的工作。

他不时会冒出这样的想法：一直做如此单调的工作，又能搞出什么科研成果来呢？

或者更心灰意冷：自己的人生将来又会是怎样一番情形呢？

每当他想到这些，就不禁觉得前途无望，消极落寞。

也许一般人解决问题的方法是和自己说：要有远见，向未来看吧。也就是说，不要将自己的目光停留在眼皮底下，而要从长远的角度展开自己的人生蓝图，而眼前的工作只是这长期规划中的一个环节。

然而稻盛和夫采用了一种与之相反的看法。他从短期的观点来看，不再痴迷于不着边际的远景，而只是留神眼下的事情，于是摆正自己对工作的态度。

他给自己定下规矩：今日事今日毕，今天的目标今天一定要完成。工作的成果和进展以一天为单位区分，然后切实完成。

在每一个“今天”中，前进是最低限度，无论这一步是大是小，总要向前推进。

同时，要反思今天的工作，以便为明天总结出一点经验或教训。为了达到目标，不管天气多么恶劣，不管境遇多么艰难，稻盛和夫都全神贯注，全力以赴。一天，一个月，一年过去了，五年，十年，他始终锲而不舍。直到今天，他踏入了当初根本无法想象的境地。

就这样，奔着“今天”的目标去，让每一个“今天”都没有虚度的遗憾，每天获得积累。今天比昨天更好，明天又比今天好。将今天一天作为“生活的单位”，天天精神百倍，日复一日，拼命工作，以这种踏实的步伐，就能走上人生的王道。

所谓未来是每一个“今天”的累积。因此稻盛和夫主张人们在建立未来的目标时，要设定高于自己能力的目标，然后不遗余力地工作，去实现这个目标。要下定决心去完成今天自己“不能胜任”的目标。

想尽方法提高自己的能力，哪怕每天只有一点点进步，以便在“未来这个时点”实现既定的目标。如果只用自己现今的能力来判断决定能不能做，那么，就没有挑战新事业，或者实现更高的目标的可能性。人的能力像黄金一样，有着良好的延展性。基于这一点，每个人都应该面向未来，去描绘自己理想的人生。

在《士兵突击》的前半部分，许三多与战友们显得那么格格不入，所以笑料常出。许三多是自卑的，是极度缺乏自信的，在他的记忆中，自己老做错事，从没做对过，面对父亲恨铁不成钢的打骂、乡邻的欺凌，许三多从不反抗，活像木头，于是就有了“许木木”、“木头疙瘩”的戏称。

他说得最多的两个字就是“不行”，这让一直维护他、相信他的班长史今十分恼火。为了治好许三多的晕车，史今教许三多练腹部绕杠，并且严肃地告诉他：“‘不行’这俩字以后少说。”这一次的鼓励，是许三多人生的转折，史今告诉他：“说不行的时候绝不会有奇迹发生。就算是你，也能创造奇迹。”于是许三多真的创造了奇迹，为了赢回“先进班集体”的奖旗，他做了 333 个单杠大回环。

此后，他的自信一点点树立起来，他的优势也逐渐显现，他的射击等军事技术项目几乎涵盖全团所有第一，他赢得的奖旗挂满了墙壁，许三多成了全团的尖子兵！那些从前对他恨铁不成钢的人也逐渐认可并开始相信他了。

许三多最好的朋友成才说：“就凭 333 个腹部绕杠，你走到哪儿都天下无敌。”团长称赞他：“我见到了一个比我当年要强的兵。”而一度十分讨厌他的伍六一真诚地说：“我们不是朋友又能是什么呢？”在所有评价中，七连长高城的一句话最为深刻——“明明是个强人，天生一副熊样”。

许三多是个强人，他的成绩就足以证明一切，而所谓的熊样，说的就是他缺乏应有的自信。而找到自信的许三多，便从当初人见人欺的“狗熊”变成了所有人心目中的英雄。自信让许三多一直保持着出奇的稳定性，每次军事技能比赛，他只是为了超越自己，没有别人，只是超越自己。这种心态让他从“绝情坑主”变成了全军的尖子，最终成为老 A 的一员。

稻盛和夫曾经说过，很多人在工作和生活中，很轻率地对自己不自信，匆匆下结论说：“不行，我做不到。”就是因为他们仅以自己现有的能力判断自己，而忽略了自己未来的潜能。

实际上，大家今天所做的工作，可能正是几年前看来自己无法胜任的。可是对今天的你来说已经轻而易举，因为你已经驾轻就熟了。人要坚持每一天的进步，在各个方面都如此。不能抱有“我从没学过，没有知识和技术，所以我做不来”的想法。而是应该这样思考：“我没有学过，没有知识和技术，但我有足够的干劲和信心，所以在若干年后的今天一定能行。”而且就从今天开始，努力学习，汲取知识，熟练掌握技术。不远的将来我身上的能力一定能有所增长。

不积跬步，无以至千里。不要小看每一天的成长，相信只要坚持努力，就能享受比昨天更好的今天，努力打造比今天还好的明天。

有创意的心追随的是长远理想

在企业的经营管理中，稻盛和夫经常鼓励自己的员工要“胸怀大志，充满梦想”。在稻盛和夫看来，满怀激情与梦想，才能实现精彩人生。

现实生活中，很多人都把梦想和希望视为虚无缥缈的空谈，他们感觉生活上的琐事已经让自己疲惫不堪了。可是稻盛和夫却不赞同这个观点，他认为今天自己所取得的成就，离不开年轻时拥有的强烈愿景和高远目标。

稻盛和夫曾经说过，“能用自己的力量去创造自己美好人生的人，一定拥有超大的梦想和超过自身能力的愿望”。在京瓷公司创业之初，稻盛和夫就怀着“希望这个公司成为世界第一大陶瓷公司”的大志，虽然，当时看来这仅仅是个空幻的梦想，既没有具体的战略，也没有确实的计划。但是，稻盛和夫依然会在联欢会等各种场合上反复对员工说起这个梦想。久而久之，他的“愿望”也成为全体员工的“愿望”，并最终开花结果了。

当然，梦想越大，离现实的距离就会越远。稻盛和夫始终坚信，只要我们不断想象实现梦想时的情景，直到可以清晰地看见成功后的种种景象，那么，我们就在一步步地接近成功。当我们树立了长远理想，拥有了强烈的愿望，创意的心就会紧随其后。我们会不知不觉地从日常生活中得到启发，从一些别人可能忽视的细节和小事中，冷不丁地就闪烁出灵感的火花。

一项有趣的调查表明：无论是否拥有大学学历，这些成功人士都有一个共同的特点，那就是，从小具有数字天才并痴迷于财富，且对生财致富拥有强烈持续的愿望。

美国最大的零售商人约翰·华纳马克成功前只是一家零售店的店员。但他一直梦想着成为一个零售店店主。他甚至把这个梦想大胆地告诉了自己的老板。

老板听后讥笑华纳马克说：“哦，上帝！你听听大言不惭的约翰在说些什么！他的存款还不够买一套像样的衣服呢！”

华纳马克对老板的讽刺不愠不火，他反驳道：“你说得没错，老板！我没有钱，但我还是要开一家店，而且会比你的这家店大很多。”

这样的回答也许大多数人看来，是狂妄和无知。但几年后，他所拥有的零售店的规模，真的是那个老板的几十倍。

华纳马克成功后，记者采访他的成功经验，他这样说道："我没读过什么书，也没什么本钱，但我知道如何不断地充实必要的知识和积累自己的财富。我的梦想一直没有放弃过，因为我知道自己会成功！"

只要你敢于大胆梦想，并对于你的梦想执着地追求，就没有无法完成的心愿。当然，光靠梦想是不够的，还必须有为实现梦想而持续努力的行动。当我们真正成功的时候，就会发现，追梦途中经过的艰辛和痛苦根本算不了什么。

树立长远的目标，会使你的人生更富有价值。敢于做梦的人才有从平庸到优秀的发展动力。不难想象，如果没有一批又一批的追梦者，那么美洲现在仍是一片荒芜的处女地，而美国更谈不上成为世界强国。所以说，任何一个国家和民族的兴旺发达，任何一种信仰和文明的传播，都离不开一群拥有相同梦想者的推波助澜。

生活中，面对困境，我们常常会有走投无路的感觉。但请不要气馁，给自己一个大胆的梦想吧，有了梦想和希望，我们才会有坚持下去的动力和勇气。即使前方还是困境，相信希望就在不远的拐角处。只要我们有了正确的思路作为引导，就一定能少走弯路，找到出路！

一个叫塞尔玛的年轻女子，陪伴丈夫驻扎在一个沙漠的陆军基地里。丈夫奉命到沙漠里演习，她一个人则留在陆军的小铁皮房子里，不仅天气炎热难熬，而且没有人和她聊天解闷。当地只有墨西哥人和印第安人，他们都不会说英语。所以塞尔玛无法与他们交流。

塞尔玛很难过也很孤独，她写信给父母说要回家。她父亲的回信只有两行字，但是这两行字却彻底改变了她的生活。

父亲写道："两个人从牢房的铁窗望出去，一个人看到了泥土，一个人看到了星星。"

塞尔玛把这封信读了许多遍，她悟出了其中的真谛，决心在沙漠里寻找自己的星星。

她开始尝试与当地人交朋友，人们对她也非常热情。塞尔玛试图研究那些引人入迷的仙人掌和各种沙漠植物，又学习了很多关于土拨鼠的知识。她观看沙漠的日出日落，还快乐的寻找几万年前这里海底层留下的海螺壳。当她对当地的陶瓷和纺织品兴趣浓厚的时候，她结交的当地朋友毫不吝啬地送给了她很多珍品做礼物，她的生活一下子丰富多彩了起来。

沙漠没有变，印第安人没有变，只是塞尔玛的念头和心态改变了。这一念之差使塞尔玛变成了另一个人。两年之后，塞尔玛的《快乐的城堡》出版了。她从自己的牢房里看出去，终于看到了星星。

塞尔玛从沙漠里看到了“星星”，而这星星象征着生活的目标和希望，因为有了新的梦想，内心的力量才会找到方向。漫无目的地漂荡终会步入歧路，而你心中那座无价的金矿，也会因为没被梦想发掘，而与平凡的尘土无异。

稻盛和夫告诫我们，无论多么遥远的梦想，只要内心强烈地祈求，那么我们就一定能够成功。当我们把梦想祈祷、祈祷、再祈祷，直到渗透到潜意识中去的时候，梦想本身就是行动的一部分了。稻盛和夫正是通过这种强烈的愿景和持续的努力，才把虚幻的梦想一个个地变成了现实。

有长远理想的人往往能够成就“难以完成”的事业。为了财富的累积，他们无时无刻不在追逐着自己的理想。如果没有梦想，人的创造性就无从谈起，从而也无法获得成功。通过描绘梦想、你才会锐意创新、不断努力，人格才能够得到不断地磨炼。就像稻盛和夫所提倡的一样——有创意的心追随的是长远的理想。

即使是平凡简单的工作，只要不断创新，也会有飞跃性的进步

稻盛和夫告诫年轻人，无论多么渺小的工作，都要抱着问题意识，采取积极的态度对现状进行改良。他断定，能坚持这么做的人和缺乏这种精神的人，假以时日就会产生惊人的差距。

只要我们在每天的工作中时刻思考着“这样做是否可行”,带着“为什么”的疑问，今天胜过昨天，明天胜过今天，持续不断地对工作进行改善与改良，最终一定能取得出色的成就。

弗雷德是美国邮政一名普通的邮差，每当有业主搬入弗雷德管辖的小区，弗雷德都会主动上门自我介绍：“先生，上午好！我的名字叫弗雷德，是这里的邮递员。我顺道来看看，向您表示欢迎，介绍一下我自己，同时也希望能对您有所了解，比如您从事的行业。”弗雷德对待客户总是表现出兴高采烈的劲头。

弗雷德的相貌极为普通，他中等身材，蓄着一撮小胡子，相貌极为普通，虽然外表没有任何出奇的地方，但他的真诚和热情却溢于言表。每一个业主就是这样开始接受弗雷德的服务的。

弗雷德会根据业主的作息习惯对信件和包裹进行保管和投递，他还根据业主的职业特点提出个性化的邮政服务内容。他经常利用自己的休息时间拉近与业主之间的距离。弗雷德在不增加支出的同时，为客户创造了更大的价值。

邮差弗雷德的故事恰巧从一点一滴的日常小事中昭示了一个道理，就是在平凡的岗位上一样可以找出卓越的感觉，普通的工作一样可以实现从平凡到杰出的跨越。

弗雷德的工作是平凡的，但他在这平凡的工作中不但使自己更使旁人获得了无限乐趣。面对平凡的工作，弗雷德不是通过改换工作，而是通过改变自己的工作方式来增添工作的价值和乐趣。他用自己的乐观给每一天注入了崭新的内容。他告诉我们，只需举手之劳，一切就都变得不同。虽然我们所做的都不是什么惊天动地的改变，但是成千上万的小小改变累积起来，也会对自己和他人的生活形成深刻的影响。

张瑞敏曾经说过：把简单的事情做好就是不简单，把平凡的事情做好就是不平凡。只要我们在工作中不断改善、不断创新，耐住寂寞，从点滴做起，我们的企业就必将越来越好。

也许你现在正在从事一份平凡而又简单的工作，每天抱怨着重复枯燥的劳动，你感觉成功离你很遥远。当你把工作看成“不过是扫地而已”，懒于改进，磨磨蹭蹭的时候，那么一年之后你还是老样子，你做的还是扫地而已。所以，我们与其徒然抱怨，不如首先倾注全力充实每一个今天。

稻盛和夫的成功并非一蹴而就，他认为，人生只能是“每一天”的积累与“现在”的连续。此刻的这一秒钟聚集成一天，这一天聚集成一周、一个月、一年，等你发觉时，已经站在了先前看上去高不可攀的山顶上，这就是我们人生的状态。

千里之行，始于足下。无论多么伟大的梦想都是一步一步、一天一天积累，最终才能实现的。所以，不要把今天不当一回事，如果认真、充实地度过今天，明天就会自然而然地呈现在眼前了。即使不考虑以后的事，全力以赴地过好现在每一瞬间，先前还未能看见的未来之像就自然而然地可以看见了。

我们完全有可能在平凡的工作中点燃自己工作的激情。如果把工作看作是创造力的表现，那么一个教师就会以导演的热情讲好每一堂课；一个记者就会以探索的视角去看待所报道的新闻事实；一个厨师就会以艺术家的执着去配置一流的拼盘。只要我们学会从工作中寻找乐趣，全身心地投入工作，就可以不断创新，实现飞跃性的进步。

忠告 7

以最大的热情投入工作，才能有所成就

不热爱工作，就改变心态

美国石油大王洛克菲勒在给儿子的一封信中写到关于“天堂与地狱比邻”的观点，尤其是信中洛克菲勒关于工作意义的精妙表述，不禁让人震撼。“倘若你视工作为一种乐趣，人生就是天堂；抑或你视工作为一种义务，人生无疑就是地狱。”

在稻盛和夫看来，有很多人是在不明白工作真谛的前提下，被动去进行自己的工作，因此常常感到烦恼、失败和困惑。通过总结自身多年的工作经历，稻盛和夫坚定地认为，试着改变态度，再全心地更积极地投入现在的工作，如果能够达到忘我的境界更好，如此一来，不但可以克服苦难和挫折，而且能够开拓出一片光辉景象。

灵魂有可能得到磨砺而升华，也有可能产生污点，这都取决于“人生态度”。由于所选择人生的度过方式不同，人的精神既可能因此而变得高尚，也可能因此而变得卑鄙。

有不少世间的英才因为没有一个好的心态而误入歧途。才智越是出类拔萃，就越是需要指针来正确指引方向。该指针就是理念、思想或是世界观。

你在工作中快乐吗？许多人在工作中存在这样的困扰。诚然，大部分工作是枯燥无趣的，想想下面的这些工作吧，也许你会明白很多事情：

1. 高速公路的收费员：一天都是面对一个小窗口，把一张卡片送出去，要持续好几年。

2. 学校食堂厨师：常年在烧鸡腿，烧一年。

3. 销售部门：产品滞销，8 点上班来就站在店里，一个人，坐到晚上 6 点，今天没有一个人来，和昨天一样。

4. 作家：交稿期要到了，还没有灵感，两个星期没吃早饭了。

5. 公司职员：晚上加班到夜里两点，第二天还要 9 点准时去上班。而且路上乘车还需要一小时，这样已经 2 个月了。

6. 外科医生：刚刚睡着，立刻被叫醒去做一个 5 小时的大手术，这样至少一周一次。

7. 宠物商店店员：生意不好，还要一早就过来听着 20 条狗的叫声一整天，听一年。

可见，工作不是玩乐，各有各的辛苦。但如果工作不是你所热爱的，就试试改变心态，快乐地工作，坚持下去，就会在工作中得到乐趣，逐渐变成主动从工作中寻找乐趣，从寻找乐趣渐渐地会变成热爱工作。在工作中最大的收获就是得到了充实、满足的感觉。

首先要调整好自己的心态。每个人的职位不同，待遇不同，工作心态也有所不同，但一定要调整自己的心态，不管你多么不喜欢这个职位，多么不满意现有的待遇。良好的心态会使平凡的工作充满乐趣，哪怕在工作中遇到困难和挫折，也会很快走出失望的阴影。只有这样才能以一个良好的状态迎接新的机遇与挑战，工作和生活会更加充实、愉快。所以，不管你在何时，职位发生什么样的变化，都要调整好自己的心态，才能淡泊名利，把所有的精力放在做好本职工作上。

一阵暴风雨过后，天气逐渐转晴。一只被风雨击落的蜘蛛艰难地向墙角已经支离破碎的蜘蛛网爬去。然而，被雨水浇湿的墙壁变得异常光滑，蜘蛛在潮湿的墙壁上艰难地爬行：当它爬到一定的高度时，就会突然掉落下来。但是蜘蛛并没有因此而放弃，它还是一次次地向上爬，又一次次地掉下来……这时，有一个人从墙边慢悠悠地走过，当看到这种情形时，不禁联想到了自己的一生。他叹了一口气，自言自语道："我的一生不正如这只蜘蛛吗？一次次地失败，还这样固执地从头再来，只是这般忙忙碌碌而无所得，又有什么作用呢？"于是，他日渐消沉，对生活彻底丧失了信心。

第二个人看到了这个场景，很遗憾地说："这只蜘蛛真是愚蠢啊，为什么不从旁边干燥的地方绕一下爬上去呢？不仅省时间，还省力气。我以后可不能像它那样愚蠢，一定要学会走捷径，这样才能活得潇洒啊！"

后来，他变得更加聪明起来，懂得从侧面来思考问题。第三个人被蜘蛛屡败屡战的精神感动了。"尽管是一只小小的蜘蛛，却具有一种不屈不挠的生活态度。"他这样想。于是，他变得更加坚强起来。

悲观的人，轻易便被失败打倒，因为他们看不到生活的积极面，结果只能是自甘消沉；拥有良好心态的人往往更容易成功，因为他们懂得思考，善于吸收优点，自然会走上成功的道路。培养良好的心态，将使你紧随成功的步伐向前迈进。

稻盛和夫说，一个良好的态度同样会激发我们对于工作的责任心。在工作中需要责任心，因为这样一个人才会去想方设法干好自己的本职工作。每个人扮演着不同的角色，不同的角色担负着不同的责任，人人都有自己的责任。

比如说工作在车间的工人，在开动机床开始工作时，其实就已经肩负起许多责任了。要对自身的安全负责，要对家庭、对企业负责等，一旦出了事故，给家人、企业带来的伤害是不可估量的。所以说对于所有员工来说，在工作中树立责任心，就是成就事业的基础，也是搞好工作的前提。

如果一个人对工作的态度没有调整好，自然就没有责任心，那么，他在工作中也不会有多大的成就。

好心态会使人对未来的工作充满信心。有了信心，做起事来才会有干劲，才会产生无限的激情。其实，仔细想想，在如今这个竞争激烈的社会，能在其中占有一席之地，拥有一份稳定的工作，已经是相当的幸运了。

与其寻找喜欢的工作，不如先喜欢上已有的工作

热恋中的情人，往往会做出狂热得让别人目瞪口呆的事，但他们却能泰然处之。相信经历过恋爱的人很容易理解。当然，年轻时的稻盛和夫虽然一心扑在工作上，却也亲身经历过这样的事。

稻盛和夫在创建京瓷以前，每当繁忙的工作之余比如星期日，有时会和关系亲密的女孩子约会。看完电影之后，稻盛和夫送她回家。本来有电车可以搭乘，但是稻盛和夫好几次提议提前一站下车，和女孩边走边谈心，走了很久一段时间才把她送回家。

其实当时稻盛和夫总是工作到很晚，也很辛苦，但是多走的一段路程却一点也不觉得疲劳，反而觉得很愉快。

据他说是“有情人相会，千里变做一里”，这句话恰如其分地表达出他当时的心情。

工作也是一样的，只有热爱工作、全心投入地拥抱工作才会不知疲倦。

也许在局外人看来，那么辛劳、艰苦的工作实在太可怕，忍受都难以忍受，更不用说坚持了。但作为当事人来说，倘若你自身热爱并迷恋着这样一份工作，再辛苦也能承受，无怨无悔。

正因为当时的稻盛和夫热爱着、迷恋着他的工作，才不觉得苦涩，兢兢业业，一切不在话下。

人就是这样一种神奇的动物，对于自己喜欢做的事，再苦再累也毫无怨言，能够欣然接受。而做好任何一件事达到成功的条件，就是承受辛苦、付出不懈的努力。喜欢自己的工作是非常关键的前提，因为仅仅这一条就可以决定人一生的成败。

人们都希望拥有一个充实完美的人生，摆在我们面前只有两种选择：一是“找到自己喜欢的工作”，第二个则是“喜欢上已有的工作”。一个人喜欢的工作可能只有那么几种，而能够碰上自己感兴趣的工作的概率，连“千分之一”、“万分之一”的概率也没有。况且，即使幸运地进入了自己心仪的企业，但是要能被分配到自己所期待的岗位、从事自己喜欢的工作，这种机会几乎不存在。所以说，大部分初出茅庐的新人，必须从“自己不喜欢的工作”开始。

但是，大多数人都抱着勉强接受、不得不去做的消极态度对待自己不喜欢的工作。因此对自己当前的工作总是感到不称心，于是满腹怨言、怪话连篇。日复一日，本来潜藏着无穷潜力、前程似锦的人生只会变得越来越暗淡。

所以说不管怎样，喜欢上自己已有的工作是成就一个人的前提。

在科研过程中，也是同样的道理，青年科技工作者不应该以任何借口来推托自己的工作职责，而应该以积极的心态和百倍的热情去挑战它。热爱自己的本职工作是不可或缺的因素。

我国著名的精神分析家秦伟，他在幼年时患小儿麻痹症，小学二年级辍学。但他靠自己坚强的意志自学中医，最终以优异的成绩考上了上海中医学院研究生，毕业后又继续到华东师大心理学系深造，获得博士学位。但他不甘于此，在川大工作十几年之后，又到法国攻读了精神分析博士。一名身有残疾的青年如果没有对自己事业的热爱，那么他永远成为不了一名优秀的精神分析家。

所以，对工作的热爱促使一个人干好自己的工作，而也能从中体会到工作带给自己的快乐和充实。工作给他们带来荣誉感、成就感，但有时也会让他们伤心和沮丧。但只要一如既往地热爱工作，充满热情地去完成工作，用生命去做工作，去包容工作中的一切困难，就一定能获得事业上的建树和成功。

把自己从事的工作当成自己的天职，这种积极健康的心态非常重要。如果不肯抛弃“工作是别人强加于我的”这种消极意识，那么工作只会给你带来更多的痛苦。这样就无法从工作的“苦役”中解脱出来而爱上眼前的工作。

与其苦苦寻找自己中意的工作，不如先喜欢上自己得到的工作，凡事脚踏实地，一切从眼前开始努力。也许喜欢的工作，往往就像一座空中楼阁，美丽却不太实际。而自己得到的工作就像一座真实存在的房屋，虽然简单却能遮风挡雨，可以一点一点去修整完善它。

在成长的过程中，你是否有这种感觉？满怀激情和梦想来到工作岗位，经历了许多挫折磨难。每天朝九晚五，拼命地工作，但渐渐地，突然感觉那曾经的朝气和梦想已不复存在，工作并不是自己所喜欢的，每天沉重而痛苦。

只有爱上自己的工作了，才能不辞辛苦，不把困难当困难，全心全意地埋头工作。这样一来，自然而然就能获得发自内心的力量，长此以往，就一定能做出成绩来。有了成绩，才能获得大家的赞扬。获得了大家的赞扬，才会更加喜欢工作。正面循环就这样被激活了。

想让自己的工作结满硕果，首先必须要爱上工作，除此以外别无他法。在西方国家，敬业是一门必修课。几乎每个职场新人在得到一份工作之后，先要学会尊重自己的岗位，热爱自己的职业。曾有人说过，工作是我们赖以为生的基石，没有这块基石，我们的生活就无从谈起，我们人生的梦想更无从实现。是的，工作是需要人们竭尽全力、用生命去做的事。人们应该满怀着尊重和热爱的心情，尽自己的努力把工作做到完美。

长期专注，愚钝者变为非凡人

日本筑波大学教授村上和雄曾经简单明了地解释了“火灾现场的异常力量”。这种力量是人们在极限状况下爆发的力量，而在平常状态下却处于“休眠”状态。由于人类遗传基因的功能通常都处在关闭状态，这个开关一旦被打开，那么潜藏的能量就会被发挥出来。

当潜在能力变成打开状态时，积极的思维、正面的想法等向前的精神状态将会发挥很大的作用。在遗传基因层次上得到了证明：思想的力量使人类的潜能几乎可以尽可能地扩大。

一般来讲，在人们头脑中所希望实现的事情，基本上大多数愿望都属于通过一定的努力可以实现的范围。简言之，每个人的头脑里都隐藏着实现愿望的潜力。

金出武雄在《像外行一样思考，像专家一样实践——科研成功之道》里面提到“思维体力”的概念。其实所谓思维体力，就是指能够持续集中注意力的时间，注意力的高度集中造就非凡专家，天才来源于长期的专注的训练。虽说树立崇高的个人理想是重中之重，但是朝着目标一步步迈进的艰难漫长的过程却是更为关键的，这与勤奋努力是不可分割的。

坚持不懈的恒心是成大事者的可贵品质。每个人都有自己的理想，可是却并不是谁都能坚持自己的理想一路走下去。只有善始善终的人，才最有可能实现自己的梦想。少年时候的拿破仑就有这样坚持不懈的毅力。

拿破仑出身于穷困的科西嘉没落贵族家庭。少年时，拿破仑的父亲就送他进了一个贵族军校。他的同学都很富有，大肆讽刺他的穷苦。拿破仑非常愤怒，却一筹莫展，屈服在威势之下。就这样他忍受了足足5年。但是这5年中的每一次嘲笑、每一次欺侮、每一次轻视，都使他暗暗下定决心，发誓要让那些人看看他确实是高于他们的。但是光有决心还不够，还必须拿出实际行动，并且一直坚持下去。

他来到部队的时候，看见他的同伴和在学校里的同学一样，他们用多余的时间追求女人和赌博。在部队里，他那不受人喜欢的体格使他没有资格得到本该得到的职位，同时，他的贫困也使他失掉了后来争取到的职位。于是，他决定用埋头读书的方法去努力和他们竞争。读书和呼吸一样是自由的，因为他可以不花钱在图书馆里借书读，这使他得到了很大的收获。

他并不是读没有意义的书，也不是专以读书来消遣自己的烦闷，而是为自己的理想作准备。他下定决心要让全天下的人知道他的才华。他住在一个既小又闷的房间内，在这里，他脸无血色，孤寂、沉闷，但是他却不停地读书。通过几年的刻苦攻读，他从书本上所摘抄下来的记录，经后来印刷出来的就有400多页。他想象自己是一个总司令，将科西嘉岛的地图画出来，运用数学的方法精确地计算出哪些地方应当布置防范。这使他第一次有机会展示自己的才华。

他的长官看见拿破仑很有学问，便派他在操练场上从事一些有极强的计算能力的工作。他的工作做得很好，于是他获得了新的机会，拿破仑开始走上了新的道路。拿破仑的权势越来越大，最终他凭借着自己的才华，开创了一个属于他的时代。

稻盛和夫说，他本人并不器重才子，曾有很多优秀且聪明的人才进入京瓷公司，但正是这些优秀的人才认为公司没有前途，纷纷跳槽；所以迄今为止，留下来的那些都是当初平凡的、不太聪明的、无跳槽才能的，甚至是被认为愚钝的人才。但是在10年、20年后的今天，这些曾经愚钝的人才都已经晋升为各部门的领导。是什么让愚钝者变成了非凡的人物呢？孜孜不倦、默默努力的力量是解开平凡魔咒的秘诀，亦即脚踏实地地走过每一天，每天坚持积累，使得平凡变成非凡。

约翰和汤姆从小一起玩耍，一起上下学，住在同一个街区。约翰是个极其聪明的孩子，大家夸他天资过人，学什么一点就通，在学校名列前茅。他自己也感到骄傲。相反，汤姆在约翰的对比下则显得有点愚钝。尽管汤姆非常用功，但学习成绩却不是很尽如人意。因此他时常流露出自卑的情结。

汤姆的母亲却一如既往地鼓励他说，在开始时，有些骏马遥遥领先，但最终抵达目的地的，却往往是骆驼。如果你能不断努力，就能够实现最终的梦想。

后来，汤姆母亲的话被事实一一印证。聪明的约翰一生业绩平平；而愚钝的汤姆，却不断地努力，成就了一番事业。

约翰死后的灵魂飞到天堂，质问上帝："我远比汤姆聪明，应该比他更出众，可为什么他成了成功者呢？"

上帝笑着回答说："我把每个人送到人世间，在他生命的'褡裢'里放了同样的两件礼物——'聪明'和'努力'。只不过你把'聪明'放到了'褡裢'的前面。你因为常常看到'聪明'而欣喜,却忽视了'努力'，所以一生没有什么成就！而汤姆却把'努力'放在'褡裢'前面。他把自卑转变为努力，所以他能够成就辉煌。"

如果聪明人依仗自己的小聪明而不付出努力，就会逐渐变得平庸；如果愚钝的人总觉得自己不够聪明而刻苦努力，就会逐渐变成非凡的人。

稻盛和夫十分赞同中国明代思想家吕新吾对人资质的划分。在吕新吾的《呻吟语》中曾有这样的句子："深沉厚重，是第一等资质；磊落豪雄，是第二等资质；聪明才辩，是第三等资质。"稻盛和夫认为，"居于人上的领导者需要的不是才能和雄辩，而是以明确的哲学为基础的'深沉厚重'的人格，谦虚、内省之心、克己之心、尊崇正义的勇气，或者不断磨砺自己的慈悲之心。"

在京瓷公司还处于乡村工厂的阶段时，员工还不满百人，稻盛和夫就反复对员工们说：京瓷公司一定能成为世界第一流的大公司。尽管这个梦想在当时遥不可及，但稻盛和夫内心始终坚持着这个梦，并且想把它实现给大家看。

可是，无论梦想多么高远，在现实中也必须脚踏实地干好工作，每一天都要尽全力踏实努力地重复简单的日常工作。继续昨天的工作，推进今天的工作，计划明天的工作。挥洒汗水，一点一滴地积累，一步一步地前进，把摆在眼前的一个又一个问题解决掉，时间就这样慢慢度过。

每天重复同样的工作，何时能够成为世界一流公司呢？在梦想与现实的巨大落差中，这个问题时刻提醒着稻盛和夫。但人生只能是“每天”的积累与“此刻”的延续。

即使你的目标是功利的短视的，但如果不过完今天的话，明日就不会到来。走向心中向往的目的地是没有捷径可以走的。常言道“千里之行，始于足下”。无论多么伟大的理想都是靠一步步、经过一天天积累，才得以实现的。从平凡蜕变成非凡，就是要靠每一步的积累和每一天的努力。

想要获得伟大成就，就要爱上自己的工作

工作是一个人生命的重要历程，是上天赋予每个人的使命，是人类幸福和欢乐的源泉，它和所有有价值的事情一样，值得我们用一颗真诚的心去对待。只有敬畏自己的工作，热爱自己的工作，才会觉得自己的工作具有神圣感和使命感，才能真正理解生命的意义，才能获得伟大的成就。

诚然，一开始就被命运眷顾，碰到合适而且自己又喜欢的工作的人是存在的，但是，大多数人没有这种运气。只能从“自己不喜欢的工作”开始。人面对自己不喜欢的工作，最初的心理状态莫过于勉强接受、抵触、排斥、满腹牢骚，没有激情和热情，更不能全身心地投入，自然也谈不上充实、开心，也不会有什么作为。本来憧憬的前程似锦

的人生只能变成空谈。

稻盛和夫认为，一个人的心态改变了，自然就会改变做事的方式。只要喜欢了，就能不辞辛劳，不把困难当困难，一心一意埋头工作，自然就能获得力量。有了力量，就一定能做出成果。有了成果，就能获得大家的好评。获得好评，就会更加喜欢工作，这就是一个良性循环的开始。

人在面对不得不做的事情的时候，以一种应付的心态去做，是毁灭；而在不得不做的时候能够做好，那就可以被称作勇敢了。在这个竞争激烈的社会，人们没有太多选择的机会，当面对一份不喜欢但又不得不做的工作时，必须学会热爱它，才能使自己获得真正的解脱，才能一步步靠近自己的目标。

美国独立企业联盟主席杰克·法里斯，13 岁时开始到他父亲的加油站里帮工。法里斯想学车，但是他父亲却让他在前台接待顾客。

每当车子开进来时，法里斯必须在车子停稳之前就站到车的跟前，去检查油量、蓄电池、传送带、水箱。法里斯同时注意到，如果他干得很好，顾客还会再来。法里斯就总是设法多干一些，帮助顾客擦去车身，挡风玻璃和车上的污渍。

法里斯干了一段时间，但总是重复同样的工作，他开始变得不耐烦，于是向父亲说出了自己的想法。

父亲告诉他："孩子，记住，这是你的工作，只要真心热爱你的工作，你就不会有稀奇古怪的想法了。"

法里斯受到了触动。他后来说道，正是加油站的工作使他学会了如何对待自己的工作，这些观念对他以后的职业生涯都起到了非常重要的作用。

这个故事印证了苏格兰哲学家所说的一个道理：有事做的人是幸

运的……当一个人的精神倾注于某项工作时，他的身心会形成一种真正的和谐，不管是多么卑微的劳动。

大多数情况下，我们必须积极培养对工作的兴趣，积极、敬业，才会从工作中得到愉悦，也才能把工作做得有声有色，从而在激烈的竞争中脱颖而出。

有个心理学家进行了一项有趣的实验：将实验人群分成三组，比试完成一份极为枯燥乏味的工作。工作做完后，第一组要认真地向其他人说这项工作多么有趣。后来通过测试，发现第一组的人要比其余两组都更喜欢这项工作。

从这个实验中，可以看到，虽然工作枯燥，却还要向别人说它多么有趣，慢慢地自己都真的认为这项工作很有趣了。最后可得到这样的启示：当一个人处于不喜欢的工作中时，要努力去接受它，试着去爱它，终有一天，你真的会爱上这份工作。

美国的石油大王洛克菲勒曾经说过："天堂与地狱比邻"——"如果你视工作为一种乐趣，人生就是天堂；如果你视工作为一种义务，人生就是地狱"。

人就是这样，对于自己喜欢的事情，再辛苦也无怨言，也能忍受。而只要忍受艰苦、不懈努力，任何事情都能成功。稻盛和夫总结说，仅仅喜欢工作这一条，就能决定一个人的一生。

重新认识劳动与勤勉的价值

高尔基说过，世界上最美好的东西都是由劳动，由人聪明的双手创造出来的。只有人的劳动是神圣的。歌德也说过：劳动可以使我们摆脱三大灾祸——恶习、寂寞和贫困。

大部分人是把劳动作为生存的必须行为，但事实上，在物质日益丰富，人们在得到满足之后的劳动，已经超出了它最初的含义。

稻盛和夫认为，每个人或多或少地都有着过上不劳而获的安逸生活的欲望，这种想法的本质就是蔑视劳动，忽视了工作是生命的重要历程。劳动是生活的重要组成部分，高尚的劳动应是值得人们信仰的，也是人生的目的。只有辛勤地工作，才能证明人生的价值。

稻盛和夫说，劳动的目的不应仅止于取得粮食，免予饥饿，也是为了磨炼人的心智。如果每个人都能勤奋努力，就能够培养出美好的心智，让人类变得更完美。勤奋的劳动可以锻炼头脑，培养心智，这也是达到开悟之前的必经过程。总之，勤劳工作的人不但能够得到足够温饱的生活，也可以抑制多余的欲望，并磨炼进化自己的头脑和心灵。

而勤奋是保持高效率的前提，只有勤勤恳恳、扎扎实实地工作，才能把自己的才能和潜力全部发挥出来，在短时间内创造出更多的价值。一个缺乏勤奋精神的人，只能观望他人在事业上不断取得成就，而自己却只能在懒惰中消耗生命，甚至因为工作效率低下而失去了谋生之本。

日本“保险行销之神”原一平，身材瘦小，相貌平平，这些足以影响他在客户心目中的形象，所以他起初的推销业绩并不理想。原一平后来想，既然我比别人存在一些劣势，那只有靠勤奋一一弥补它们。为了实现力争第一的梦想，原一平全力以赴地工作。早晨 5 点钟睁开眼后，立刻开始一天的活动；6 点半钟往客户家中打电话，最后确定访问时间；7 点钟吃早饭，与妻子商谈工作；8 点钟到公司去上班；9 点钟出去行销；下午 6 点钟下班回家；晚上 8 点钟开始读书、反省，安排新方案；11 点钟准时就寝。这就是他一天的生活，从早到晚一刻不闲地工作，把该做的事及时做完。他最后也因此摘取了日本保险史上“销售之王”的桂冠。

命运掌握在勤勤恳恳工作的人手上，所谓成功正是这些人的智慧和勤劳的结果。即使他的智力比别人稍微差一些，但他的实干也会在日积月累中弥补这个弱势。

劳动丰富了人们的生活。在劳动的环境中，人们实现了彼此之间的交流，从劳动的成果上，得到了更大的满足，比如受到重视，尊重，赞许所带来的心情满足。而现在的年轻人时常会觉得空虚，实际上就是没有真正领悟劳动的意义。“劳则思，逸生淫”，说的就是劳动会迫使我们思考，学习有利于社会的发展、进步，而求安逸的结果就是社会淫乱产生的重要原因之一，另有一句话——“饱暖思淫欲”，说的也是同样道理。

纽约市市长布隆伯格在纽约市立大学 2007 年毕业典礼上送给毕业生的“金玉良言”是：“成功的秘诀其实很简单，就是，你要比别人付出更多去打拼。如果你比办公室里所有同事都早到，都晚退，而且一年三百六十五天没请过一天病假——你就一定会成功！”他说自己的父亲就是典范：“我（布隆伯格）父亲就是这样，他从早干到晚，一周七天，一辈子从不休息，干到最后一刻，然后跑到医院挂号，就地死亡。”

看到这个故事，可以看到一些成功人士对勤勉的认识，同时也感受到只有辛勤的劳动才能使人生的价值得以实现。

要想成为优秀员工，首先就要比别人付出更多，一个人获得的任何东西都是他事先付出的回报。在付出时越是慷慨，得到的回报就越丰厚，这是公平的游戏规则。身为公司的一员，只有舍得多下功夫，比别人付出更多的辛苦劳动，才能为自己所在的企业或部门做出成绩。只有做出大成绩，才能得到上司的嘉奖和赞扬，才能得到更多的提升机会，才能更进一步实现自己的梦想。

企业经营篇

忠告 1

合理的组织结构和经营方法是企业基业常青的法宝

明确业绩考核目标与责任

“没有衡量，就没有管理”已经成为管理的经典名言。明确业绩考核目标与责任的管理方式成为提升企业竞争力的有效战略工具，现在越来越多的企业在引进明确业绩考核目标与责任的管理理论和方法。但在现实运用中，由于对业绩考核目的的不明确，对考核的方式和效果总是无法令人满意。考核时往往产生员工不满意、部门经理不满意、高层不满意的“三不满意”现象。同时还存在部门之间关系复杂，配合生硬，甚至矛盾重重，相互指责和推卸责任。

内部人员的工作也缺少主动性和积极性，缺少认真负责的精神，效率低下等问题。这样领导不仅要对部门的发展合理地规划，还要忙于协调各种矛盾，领导人不仅自己无暇对员工的工作进行正确的引导、监督与考核，导致员工在工作中常出现错误，而问题出现后又不能得到有效解决，难以确定责任人等。要解决这些问题就得找成功者的经验。稻盛和夫先生为我们解决这样的问题做出了一个好的参照方法。

麦氏饭店是美国一家以经营牛肉饼为主的快餐公司，他们把员工分为一线人员、实习助理、二级助理、一级助理、参观经理、巡视员、大区顾问、总部经理八个层次，以保证每件事情都有人负责。

不用说，一线人员负责的是各个工种的操作，采购、配料、烹制、收银，等。在其岗位上出现了漏洞，将要自动负起主要责任。

实习助理通常由刚进公司的有学历的年轻人担当。在半年的实习期内，他们要到公司各个基层岗位工作，如采购、配料、收款等。他们必须保证一线岗位的清洁和周到服务，有任何问题将直接由他们负责。

二级助理要承担的是一部分管理工作，如订货、计划、排班、统计等环节。在这个范围内，所有事务也直接由他们负责。一级助理肩负更多、更重要的责任，他们每个人都必须在餐厅中独当一面。出现任何决策上的失误，他们将负直接责任。

参观经理首先要在公司总部接受全面、系统的为期 20 天的培训，然后将全面负责某一家餐厅的所有事务。从经理晋升为巡视员后，将负责同一城市 5 ～ 6 家餐厅之间的协调沟通以及上级信息的传达和决策的执行。

大区顾问是公司派驻某一地区下属 15 家左右餐厅的代表。作为公司 15 家左右餐厅的顾问，他的责任更重大，其主要职责是保持总部与各个餐馆之间信息交流畅通。同时，大区顾问还肩负着诸如组织培训、提供建议、制定企业标准之类的重要使命，成为总公司在这一地区的全权代表。总部经理的职责不用过多介绍，他自然是负责集团总部的各项决策的制定和修改，把握整个连锁经营的方向。如若出现决策失误，那么他也将负最大责任。

麦氏饭店的这种责任管理体制锁定了每个人员的责任，保证了良好的工作效果。在麦氏饭店，多数员工表现十分出色，这家公司一直在美国享有美誉。

稻盛和夫曾经说过，在企业或是组织，明确业绩考核目标和责任是至关重要的，应用得当，会促进目标的达成。反之，则会产生负面影响，使企业或是组织原本和谐、稳定的氛围受到破坏，制约企业发展。在京瓷的发展中，通过长期执行明确业绩考核目标和责任的制度，业绩考核应该以目标为导向，强调对员工行为的牵引，通过对绩效目标的牵引和拉动以促使员工实现绩效目标。绩效考核的责任主体是部门的负责人，需要部门主管和员工的共同参与，强调沟通和绩效辅导。绩效考核，实质强调的是过程，是对于绩效全过程的管理。一个对设定目标及如何去达成目标达成共识的过程；一种通过对人的管理去提高成功概率的方法。这里的关键是设定目标、达成共识、通过对人的管理来提高业绩。

在某公司的季度绩效考核会议上，几个主要的部门主管都在推卸自己的责任。营销部门经理认为最近公司整体效益不高，不是因为销售做得不好，而是竞争对手短时期内推出了许多新产品，自己无法与对方竞争，只要公司有好的产品，自己的任务就一定能完成。

在听完营销部门的发言后，研发经理说道:不是我们不研发新产品，主要是经费被财务部门削减了，自己是有心无力。所以这个责任应该在财务部门。财务经理并不认同这个说法，他认为，削减研发经费是公司为了节省成本，公司的成本一直在上升，成本必须要得到控制。

采购经理这时说道：公司的采购成本上升了10%，这是因为俄罗斯的一个生产铬的矿山爆炸了，导致不锈钢的价格上升。采购经理的话音刚落，其他三个经理这时异口同声说道：原来是这样，这么说大家都没责任。人力资源经理皱着眉头无奈地说：这样说来，我只能去考核俄罗斯的矿山了。

在现今企业中往往存在像上述事例中的问题，要解决这样的问题，首先应该明确业绩考核的目的是改善绩效，而不是分清责任，出现问题的时候，大家的着力点应该放在如何改善问题而不是划清责任。

稻盛和夫曾经指出，遇到问题先界定责任后讨论改善策略是人们的惯性思维，当我们把精力放在如何有效划清责任上而不是如何改善上，那么，最后的结果都是归错于外，作为企业员工谁都没有责任，最后客户被晾在了一边，当责任划分清楚了，客户的耐心也已经丧失殆尽了。于是，客户满意和客户忠诚也随之消失了，最后企业财务目标的实现没有了来源，股东价值无从说起。一旦发现部属绩效低下，双方都要查找原因。是组织因素还是个人因素，是目标制定不合理，还是人员能力、态度有问题，一旦查出原因，双方就需要齐心协力解决。

如果是由客观原因造成员工绩效下降，主管要协调各方面的关系和资源去排除障碍。通过诊断辅导，要让员工认识到：主管就在他的身边，在他前进的过程中会随时得到主管的帮助。这样他就不会抱怨面谈无用。在诊断辅导过程中，要对事不对人，只能说部属工作中存在的问题，不能涉及人格问题。最好不要拿他和其他员工做比较，而是与他的过去相比。当员工做出某种错误或不恰当的事情时，主管应避免用评价性标签，如“没能力”、“真差劲”等，而应当客观陈述事实和自己的感受。

明确业绩考核目标与责任，有种种好处。它有利于帮助其改进工作，提高工作技能。同时，为管理者提供了与下属进行深度沟通的机会，有助于管理者进行系统性的思考。考核也为薪酬、福利、晋升、培训等激励政策的实施提供了主要依据。建立严格科学的考核制度，能充分调动员工的积极性和能动性，也有利于在公司内部营造一种以业绩为导向的企业文化。

员工在公司工作，都希望自己的能力和付出能得到公司认可，并希望能得到相应的精神与物质上的回报。而公平合理的激励制度是员工所有这些愿望得以实现的基础。离开绩效，对企业、组织、个人的其他的管理将要么成为一种形式，要么只能是传统的行政指令式管理。

坚守核心业务，贯彻从一而终

一个企业，有很多因素可以促成其成功，有些因素带有偶然、幸运或者冒险的色彩。但企业成功后如何持续地保持并扩大成功，就需要坚守核心业务，贯彻从一而终。有一项调查发现，1983 年初名列《财富》杂志世界 500 强排行榜的公司，有三分之一已经销声匿迹。这就是说，大型企业平均寿命不到 40 年，约为人类寿命的一半。

一般来说，企业能否持续地发展，一个很关键的因素是企业能否坚守核心业务，贯彻从一而终。稻盛和夫指出，所谓核心业务，是企业在长期经营中所形成的，独特的、动态的能力资源，支持着企业现在及未来在市场中保持可持续竞争优势的发展，在美国明尼苏达矿业制造公司，它所倡导的创新力就是公司坚守的核心能力。这种核心能力是企业整合各种资源和各方面能力的结果。

美国明尼苏达矿业制造公司，也就是人们常说的 3M 公司，以其为员工提供创新的环境而著称。走进它总部的创新中心，最吸引人的是橱窗里陈列的各式 3M 产品。从医药用品、电子零件、电脑配件，到胶布、粘贴纸等日常用品，逾 5 万种的产品表明该公司在产品创新方面的强大优势。该公司起初是个名不见经传的小公司，依靠创新精神，成为令人尊敬的“创新之王”。3M 公司视创新为其成长的方式，视新产品为其生命。公司的目标是：每年销售量的30％从前4年研制的产品中取得。每年，3M公司都要开发200多种新产品。3M公司的创新思维是，要创新就要创造一种环境，创新不是简单的投入，而是一种持续的过程。

这种思维使它们在各个层面都重视创新，从鼓励研究人员发展新构想的“15％规则”、设立资助创新计划的辅助金，到创造容忍失败的环境，3M无处不显示出对创新文化的重视。在3M，创新不局限于产品的研发，任何改进先前做法的行为都被视为创新。一个简单的例子是，一位刚刚进入公司不久的小姑娘，看到快递公司下单的同时，会给一个追踪号码，以此来追踪邮件到达的位置，她便建议将此用于3M产品到达供应商的位置追踪上，后来，这个建议被采用并广泛运用于物流追踪。在3M公司看来，这种移植也是一种创新。

3M任何一位员工都不用担心自己的研究没有价值，任何一个员工的新想法都会受到重视。如果你的上司不认同你的研究，那也没关系，你坚信自己的新构想终会开花结果，那么你可以利用15％的工作时间继续实验自己的构想，直到成功为止。3M许多产品的诞生就是得益于“15％规则”。

3M公司还营造了一种容忍失败的工作环境。不论你提出何种想法，都不会遭到其他人的嘲讽。3M认为不成功并不代表失败，对3M的员工而言，失败并不可怕，只要你不是毫无建树，只有毫无建树的员工才会遭到解聘。作为一个以知识创新为生存依托的公司，3M公司有强烈的创新意识和创新精神，他们认为，知识型员工是实现公司价值的最大资源，是3M赖以达到目标的主要工具。因此，3M的管理人员相信，建立一种适应知识型员工的创新文化氛围非常重要。

随着市场竞争的日益激烈，如何使企业的指令能传达到企业组织的每一个神经末梢而不衰减，让企业永葆活力，愈来愈成为企业关注的焦点。稻盛和夫的经验告诉我们在日益激烈的市场竞争环境下，我们要做的是坚守核心业务，贯彻从一而终。核心业务是企业花了大量的心血，经过长时间的研究所得的，它有时候甚至可以代表企业。我们通过手表定理可以看出坚守核心业务，贯彻从一而终的力量。

手表定理是指一个人有一只表时，可以知道现在是几点钟，当他同时拥有两只表时却无法确定。两只表并不能告诉一个人更准确的时间，反而会让看表的人失去对准确时间的信心。你要做的就是选择其中较信赖的一只，尽力校准它，并以此作为你的标准，听从它的指引行事。记住尼采的话："兄弟，如果你是幸运的，你只需有一种道德而不要贪多，这样，你过桥更容易些。"如果每个人都"选择你所爱，爱你所选择"，无论成败都可以心安理得。然而，困扰很多人的是：他们被"两只表"弄得身心交瘁，不知自己该信哪一个，还有人在环境、他人的压力下，违心选择了自己并不喜欢的道路，为此而郁郁终生，即使取得了受人瞩目的成就，也体会不到成功的快乐。

手表定理在企业经营管理方面给我们一种非常直观的启发，就是对同一个组织的管理不能同时采用两种不同的方法或是一个时期在企业内不能同时设置两个不同的目标。否则将使这个企业或这个人无所适从。一个企业要想获得长远的发展就得坚守核心业务，贯彻从一而终。

优秀的企业在经营战略和领域的选择上，大多数都首先确定自己的核心主营业务，只投资在一个行业，并在这个行业里逐步培养自身的核心竞争力，以此为基础再逐步考虑多元化经营。

在企业管理软件市场，SAP（英文 Systems Applications and Products in Data Processing 的简称。）曾是一家呼风唤雨的公司，但是随着市场竞争的激烈，尤其是同类公司的不断出现，SAP 的市场拓展难度越来越大，对这个软件大鳄来说，这显然不是什么好消息。事实上，2009 年，SAP 公司的总营业额就比上年下滑了 8%，而传统业务，软件许可证收入则下滑了近 28%。

在如此艰难的情况下，如何能让公司走出困境呢？SAP 找到了一条适合自己的道路，那就是坚守核心业务。决不放弃软件业务，尤其是商业软件业务。这就是该公司的底线。现在市场上虽然有很多软件公司，但是这些公司往往四面出击，将战线拉得很长，短时间内可能获益，但是长此以往，很难保证始终赢利。

SAP 公司则始终抓住自己的特长，并努力巩固自己在商业软件行业的领导地位，经过一年左右的调整，加上客户原有的认可，SAP 公司很快摆脱了业绩下滑的困境。

企业的核心能力要得到市场承认，必须通过企业的产品反映出来。企业是一种或几种核心能力的组合，通过它企业虽然可以衍生出许多的业务单元，也可以跨越传统的市场界限和产品界限，但企业的核心能力最终仍需通过核心产品及其组合，也就是企业的核心业务表现出来。

稻盛和夫曾将企业比喻成一棵大树，在他看来，核心能力就是树干，核心业务便是果实。如果企业的核心业务能依托核心能力形成一种对内兼容、对外排他的技术壁垒，那么就能在纷繁复杂的市场中保持应有的竞争优势。

掌握时间的精确管理方式

精确与精细这两个词现在与企业管理联系得越来越多了，细节决定成败、精细化管理等语句常见于报端，企业的管理也更强调细节。

大家都在谈细节，但在“怎么叫细节做好”、“怎么去做好细节”这两方面谈得却不多。有很多企业家不重视细节思维，不重视基础管理，结果导致企业破产。科利华就是一个典型的案例。

科利华，曾是一家在国内信息技术产业名噪一时的软件企业。但是2005年，科利华却不得不将科利华网络大厦以7000多万元的价格拍卖。科利华的失败就在于企业家缺乏细节思维，忽视了基础管理。1991年，宋朝弟创建科利华电脑有限公司。同年该公司推出“CSC校长办公系统”，采取“买软件送硬件”的营销方式，迅速打开销售局面。1994年，“科利华电脑家庭教师”成功面市，第一个月就卖了2万多套软件。1998年，科利华通过两个事件，声名鹊起。

一是科利华举办首届“CSC赴美夏令营”，选送18名中学生去美国考察，这在国内引起轰动。科利华通过这一事件，迅速积聚了人气，公司也一炮打响。另一件事是该公司斥资1亿元推广《学习的革命》一书，使之创造了图书行业100天发行量突破500万册的发行奇迹。

《学习的革命》的热销，使科利华走向辉煌。然而，也许是宋朝弟通过营销炒作尝到了甜头，在企业此后的经营管理中，科利华在基础管理方面的弊端逐渐显现出来。科利华野心勃勃，其目标是成为中国的微软，然而其管理、决策和运营模式却无法适应一个大企业的需求。所有的决策都由宋朝弟一人独断。据一位离开科利华的中层市场管理人员说：“离开只是迟早的事情，因为我不能把一生都交给科利华。作为民营企业出身，科利华管理的基础还是相对薄弱的，管理的基本制度也不健全。”但科利华的领导者并没有意识到企业所存在的管理缺陷，而是忙于扩张，将企业的发展目标进行调整，结果偏离了企业所熟悉和擅长的教育软件这一领域，最终科利华衰败下来，直至走向破产。

科利华的衰败说明：一个企业不能仅仅依靠炒作和营销获得成功，而要依靠持久的细节管理。作为企业家，一旦忽略了企业的细节管理，忽视了建立一个稳定的组织框架的重要性，企业就会失去持续的发展动力。

稻盛和夫曾经说过，掌握时间的精确管理方式是企业得以长远发展的基础。精确比精细好，对企业管理精确比精细更重要，精细没有标准，没有底，领导倒是容易讲，但部下做起来无法掌握分寸，没有标准，而精确就要求领导对每一项工作明确细到什么程度，最好还要有如何做到这样细的程度，这样工作就有执行与检查的标准了。

“精确化管理”是金和软件总裁栾润峰在6年前提出的管理概念。这一概念从一开始的无人问津到现在的趋之若鹜，栾润峰可谓经历了一番人生的洗礼。据了解，目前已有包括中国电信、松下等知名企业在内的5000多家企业用精确管理思想体系来管理企业。“精确管理”也使金和软件一跃成为业界知名企业。

“精确管理”到底是怎样一种管理模式，能让那么多企业着迷？

栾润峰用了一句很形象的话形容“精确管理”的精髓：掌握到每一分钟，控制到每一分钱，并让企业在提高效率的同时使员工更快乐。

简单地说，精确管理，就是将计算机技术、网络技术、管理技术与中国传统文化融合起来，产生出一种行之有效的、技术化了的、可操作的、具体化了的管理模式，并能无限地复制，依此执行就能够逐步地、部分地解决企业管理中的问题与现象，最终做到“掌握到每一分钟，控制到每一分钱”。

如今，“精确管理”已被业界誉为有“魔力”的管理思想，并被媒体喻为“最有价值的本土管理思想”，受到众多企业家的推崇。

精确管理是从20世纪80年代开始创立的，创立之初研究点就在于何为管理，管理就是让人能够有更大的产出。很多领导把管理看作领导者想的事情让大家去执行，造成了一种虚假的繁荣，和善的氛围，但这并不是员工所需要的。

员工到底需要什么呢？这就要求管理回归原本，以人为本。在稻盛和夫看来，管理的最高境界是无为而治，如果自我管理也能把组织管好，就达到了最好的效果。精确管理实际上是用了无为而治这样的方法，使得一个组织中的主体——人，能够自我地调节自己，从而最终实现组织的高效。所以精确管理精确在哪里呢？就是它对组织里面人性的了解和精确。比如他有什么样的想法，他与组织的特点是否相匹配等，然后运用一些工具让员工自己使用并弥补其缺陷，这样员工也高兴领导也高兴，企业产生一种幸福感，大家就愿意在这里工作，这是精确管理的精髓。

无论企业采用哪种管理思想、管理方法都是企业未来发展的决定性因素，掌握精确管理方式，按精确管理方式，企业就能取得长远的发展。

根据市场变化，时刻调整组织结构

市场是企业赖以生存和发展的空间，市场的变化是决定企业兴衰的首要条件，因此，企业要跟着市场变化，时刻调整组织结构，企业要走在市场的前面。在全球市场激烈的竞争中，只有在市场上领先对手的企业，才能立于不败之地。

20 世纪 80 年代初，杰克・韦尔奇刚刚执掌帅印，通用公司就开始了大规模的从制造业向服务业的战略转型。杰克・韦尔奇预感到未来的市场将没有国家的界限了，那时的市场会逐渐从一个国家的市场变成世界性的市场。尽管在 80 年代初通用公司的制造业仍然表现良好，有很高的利润，但市场上已经出现先兆，在世界上无论是哪个国家，硬件生产能力越来越得到加强，而且提高硬件生产能力很容易。但是硬件生产的成功并不等于企业的成功。当大多数企业的产品质量相差无几时，这时产生的竞争就会体现在服务上，服务的好坏在不同的企业会有差异，企业将越来越重视服务和服务质量。市场越来越向服务方面倾斜，通用公司注意服务的质量，跟上了市场的步伐，并且获得了长远的发展。

通用公司领导人意识到服务导向比产品导向重要，于是通用公司的重点从卖产品转变为向用户提供解决方案，从提供产品并辅之以提供服务转变为继续提供高质量的产品，还要提供以客户为中心、以信息技术为基础、旨在提高客户生产率的各种高价值的解决方案，通用公司公开宣称："下个世纪的蓝图是，通用不仅将是一个销售高质量产品的公司，还是一个提供全球性服务的公司。"但是，当杰克·韦尔奇把整个通用公司从制造业向服务业转型时，遭到了非议和抵制，很多人反对这种变革，指责杰克·韦尔奇是发了疯，是要把通用公司推向死亡。

三四年以后，美国几乎所有企业都感到了世界市场变化的压力，被迫纷纷转向产品服务，此时通用公司已经先于他人走了三四年，服务已成为公司取得持续性增长的重要措施，是公司高速发展的主发动机。走在市场前面的杰克·韦尔奇超前的眼光和通用公司所取得的成绩令人叹为观止。1980 年，通用公司 85% 的利润来自于制造业，而现在有四分之三的利润来自于服务业。

大家对杰克·韦尔奇刮目相看。这才感到杰克·韦尔奇当时不是发疯，而是做到了根据市场变化，实时调整组织机构。没有对市场变化的适应性调整，没有大规模的战略转型，就没有通用公司的今天。20多年来，通用公司从制造业到服务业，再到电子商务化，都是跟着市场一步步走的。市场和客户改变，企业也要跟着变，而且改变要在市场变化之前完成。实践证明，企业要时刻根据市场变化调整组织结构，才能获得长远发展。

稻盛和夫创造的阿米巴模式，就是一个能根据市场及时调整的组织模式。阿米巴作为一个核算单位，是一个拥有明确的志向和目标、持续自主成长的独立组织。因为阿米巴是独立核算组织，采取独立核算制，阿米巴经营的特点是对于经济状况、市场、技术动向、竞争对手等的急剧变化，能够灵活地调整阿米巴组织，迅即做出应对。企业身处的环境时刻都在发生变化，必须根据市场变化和竞争对手的动态，建立符合当时情况的最优化组织。经营者和领导必须时刻检查本公司的方针和现在的组织是否适应现在事业所处的环境。

有一次，京瓷某事业部的制造部门，接受订单的情况极不稳定，产值出现大幅波动，该部门没能做到与之相对应的经费及时间的削减，最终陷入亏损。这时，事业部长发现了没有把核算单位进行充分细分的问题，并对组织进行了进一步的划分。结果，核算内容的细节得以明确，从而准确地把握了改善核算状况的课题。于是，全体阿米巴成员群策群力，逐一解决了这些课题。现在，该制造部门的利润率已远远超过了其他事业部。

在市场经济条件下，企业之间的竞争愈发激烈，企业能否在竞争中立于不败之地，关键在于能否适应市场营销的变化，适时建立起一个优化的市场营销管理系统，并能抓住机会选择最适合企业营销的有利手段，使市场营销达到整体优势。

在此前提之下市场营销体系的确立是以现代市场营销观念的确立为基础的。市场营销活动必须有周密、详细、切实可行的策划，同时，更要结合市场，迅速反应，及时调整。因此，对生产企业的要求就是根据市场需求，生产出适合需求的新产品，才能在激烈的市场竞争中立足，从而取得企业利益最大化。

以最优异的真诚服务作为自己的经营利器

如今，企业间的竞争越来越激烈，如何增强企业的竞争能力，从而确保企业在市场的大潮中站稳脚跟，是企业家们始终如一的话题。当今市场经济的竞争，不仅仅是产品的竞争，更是信誉及服务的竞争，是经营道德的竞争，讲求诚信、真诚服务是一种责任。

有一天，一个法国农场主驾车从农场出发到德国去。一路上，他的心情很不错，边开车边吹着口哨。然而，在法国的一个荒村，他的心情突然一落千丈，因为汽车发动机出了故障。这可是奔驰车啊！农场主心情糟糕透了，而且很生奔驰公司的气。但再生气也不管用，总不能把车丢在这荒村吧？他只好向奔驰公司求援。但这个地方离奔驰公司太远了，公司是否会派人来修，他心里没底。

费了好大的工夫，他终于用汽车里的小型发报机联系上了德国的奔驰车总部。奔驰公司称立即处理。虽然说“立即”，但路途遥远，也不是一下子能到达的啊，农场主沮丧地坐在车里发呆。结果，意想不到的事情发生了：一个小时过后，天空传来了飞机的声音，原来，奔驰汽车修理厂的检修工人在工程师的带领下坐飞机赶来了！“对不起，让您久等了，我们会在最短的时间里把车修好，请您再等一会儿，马上就好！”工程师一行人一下飞机马上表示道歉，并立即投入检修工作。

技术人员一边安慰农场主，一边动手检修。农场主一边看着他们修，一边心里直打鼓，他盘算着这得需要多少修理费，人家是开飞机来的，那成本可不低啊，万一他们要价太高，超过了我口袋里的现金怎么办呢？他们的服务态度不错，技术看来也很好，可开飞机来修车，是不是太不合算了呢？我该不该给他们提个建议，让他们以后别开飞机去修车了呢？

汽车很快就修好了。

“多少钱？”农场主有点胆怯地问。

“免费服务。”

“免费？”农场主不敢相信自己的耳朵。

“是的，免费，”工程师说，“出现这样的情况，是我们的质量检验没有做好，我们应该负全部的责任，为您提供无偿的服务是我们应该做的。”

事后没多久，奔驰公司又主动为这位农场主换了一辆同型号的新车。

稻盛和夫指出，企业核心竞争力的增强，必须使诚信成为企业的核心价值观，以最优异的真诚服务作为自己的经营利器。企业注重诚信文化建设，重视信誉和服务，可以为自己创造更多的商机和企业效益。服务及诚信危机必然导致企业形象的败坏，从而最终被市场淘汰出局。因此，企业的发展，是技术、人才、产品还是管理？从企业战略的高度研究，以最优异的真诚服务作为自己的经营利器，才是企业真正的核心竞争力。

真诚的服务是企业的一种无形资产、一种稀有资源，是企业在生产经营活动中应该遵守的原则。如何才能在商场当中树正气，行正道，寻求企业的生存之道，却一直不被重视。其实“道”就是“真诚服务”。稻盛和夫曾经说过，要想获得企业的成功就得以最优异的真诚服务作为自己的经营利器。稻盛和夫创立的京瓷由弱变强，由小变大，跻身于世界500强。靠什么？靠的就是以最优异的真诚服务作为自己的经营利器。

看看那些扬名中外、风云一时的大企业，看看那些古往今来打造百年店的老字号,都是以最优异的真诚服务作为自己的经营利器。因此，只有继续坚持以最优异的真诚服务作为自己的经营利器，企业才能越做越大，道路才能越走越宽。

中国质量万里行促进会行动组在西安进行暗访，结果显示，家电售后服务喜忧参半，其中不合格率竟高达40%，上门率仅有45%。这次深夜暗访的家电品牌中，海尔空调在接到通知后11分钟第一个赶到现场,以其“迅速反应,马上行动”的优质服务递交了一份完美的答卷。

负责此次行动的中国质量万里行工作人员开始以用户名义拨打各家电的服务热线，其中空调报修的故障为运转不稳定、制冷效果差。接到用户的求助电话后，海尔服务人员马上询问用户的家庭详细住址，答复约需20分钟后上门服务。

不久，行动组驻地响起了第一声敲门声，赶到的是海尔空调的服务人员。行动组人员不约而同地抬腕看表，从拨打完电话到上门一共只用了11分钟。海尔服务人员出示了上岗证，套上鞋套，进屋准备检查空调的运行情况。

中国质量万里行工作人员出示了工作证，讲明缘由后不由脱口而出：“海尔的服务真是一流。”这次暗访的家电热线服务中，有的形同虚设，无人接听；有的长时间占线，无法接通；有的即使接通，却被告知维修人员已下班，当晚不能上门服务。然而海尔空调，仍然能恪尽职守，为消费者提供超值的服务享受。

优良的服务口碑不是靠宣传，而是靠行动，靠信誉，靠真诚。海尔的服务人员用行动、信誉和真诚向我们展示了海尔“迅速反应，马上行动”的服务风范。中国质量万里行在高度赞扬海尔优质服务的同时，也希望其他家电品牌能够认真学习海尔的服务精神，为创良好服务风范贡献一份力量。

通过上述事例，我们应该意识到，只有以最优异的真诚服务作为自己的经营利器，实实在在用心去做，站在顾客的立场和角度去考虑问题，企业才能立于不败之地。当我们真诚地服务时，你就会发现，所有一切事情都变简单了，很多问题都容易解决了。当尽心尽力地以最优异的真诚服务作为自己的经营利器时，再挑剔的客户也会为之感动，最终企业与企业、企业与客户都会成为相互信赖的朋友式的合作关系。

企业的成功源于优质的服务，优质的服务源于真诚的投入，真诚寄托着顾客对企业的信赖，同样也传递着企业对顾客的关怀。只有真诚服务，不断拓宽工作思路，才能在众多企业中树立企业品牌，才能吸引更多客户。

稻盛和夫指出，真诚是沟通人际关系的法宝，会使人解除心灵上的戒备，是企业拉近与客户关系的润滑剂。当然这种真诚绝不是一种敷衍，企业要把宽容的心真诚地送给客户，正如稻盛和夫曾说的，对客户多一分理解，在每一次的委屈中敞开自己的心灵，试着理解真诚的内涵。

忠告 2

商道即人道，像经营人心一样经营企业

在知足的基础上再求发展

老子说："故知足不辱，知止不殆，可以长久。"意思是：知道满足者不会遭到耻辱，知道适可而止者不会导致失败，这才是长治久安之道。对企业发展来说"知足"不是"安于现状"，而是要足够了解自己，同时还要足够地了解竞争对手，只有这样才能做到"知足常乐"。

"知足常乐"。就是教育员工要正确对待自身待遇问题。从人的最基本的物质需求角度来讲，任何员工工作的最起码要求就是有一个理想的物质回报。但在这一回报要求上要明确一定的度，要把自身物质要求与自身工作贡献以及付出的努力结合在一起。特别是一些效益相对较好的企业，在这方面最应该注意。因为员工的待遇一直处于上涨状态，这样就容易使有的员工产生更高期望值的物质回报，容易拿自己与更好的企业员工待遇相比较。因而要教育员工不要盲目攀比，不要站在这山看那山高，要正确审视自我，寻找差距，学会平衡个人心态，保持平和之心。

稻盛和夫指出，让事业永续的秘诀在于在知足的基础上再求发展。京瓷的发展，以及后来京瓷并购的其他企业都能取得长远的发展，一个主要的因素就是他们的企业在经营中秉持了在知足的基础上再求发展。

很多企业过于关注宏伟规划的蓝图，这种先定战略，后求战术的思维，很可能导致企业为实现战略目标而盲目扩张，进入太多并无“战术”机会的领域。有些企业家对利润的追逐、对财富的渴望、对成功的期盼毫无节制、没有止境，因而对发展规模有着特殊的偏好。

联想在 2000 年提出了实现 300 亿美元销售额的宏大目标。当看到中国个人电脑行业的市场容量不足以支撑其实现目标时，强行实施多元化发展，进入手机、互联网和 IT 服务等行业。四处碰壁之后，果断收缩，才及时止损。

有些企业家是在 20 世纪 80 年代的特殊情况下，经营某几种产品同时获得成功，就误认为多元化是企业的成功之道。有些企业没有制定有效的发展战略，看到其他行业赚钱，就见异思迁，恨不得这个世界上的钱都由自己一个人来赚。取得一点成就，或者在特殊条件下获得成功，就过分夸大自己的能量，以为自己无所不能，无往不胜，进入哪个行业，都可以获得成功。这些都是导致失败的因素。

如此等等的一系列问题，造成企业在“不知己，不知彼”的情况下盲目夸大自己的能力，而导致失败。稻盛和夫指出，企业要充分了解自己、了解竞争对手、了解市场，才能做到“知足常乐”。在企业发展过程中，应该知足、知止。因为知足不辱，知止不迨，可以长久。这倒不是让企业丧失斗志，而是在任何行动之前要有充分的考虑。

单纯追求私利的企业，无法获得员工的信任

一项调查结果显示：对于企业而言，可能并没有取得员工的信任。员工信任他们的同事，他们也把工作作为自己生活中最为重要的部分，

但是，他们却并不信任他们的企业——他们并不认为这些企业的决策和组织是有利于自己发展的。

当谈及那些有关员工自身利益的相关决策时，情况尤其如此。对企业来说，你的员工不信任你，会给你的工作带来很多麻烦，在诸多麻烦当中，两个最大的问题密切相关——业绩和利润。

稻盛和夫指出，企业要是没有得到员工的信任，就不会取得最佳的业绩。要是员工并不相信你能维护好他们的最佳利益，他们会认为，所有的一切只能靠他们自己。这个时候，他们会花费时间和精力去思考并做与自己利益相关的事情，他们在这方面花费的时间和精力使他们对于生产、质量以及创造力思之甚少。你可能采取措施提高业绩，但是，有一点却无须怀疑——你保证不了员工会按照你的方式去执行。稻盛和夫自己实践了这点，在2009年经济危机的时候，稻盛和夫公开宣布不会裁员。

现在不少企业已经认识到：单纯追求私利，无法获得员工的信任。于是，一些企业开始推行一种年度的“总额奖励计划”，以此和每一个员工的报酬进行沟通，包括工资、体检和伤残福利、退休金等。意想不到的效果是，推行这种计划的企业大幅度提高了员工对公司的信任度。这些企业的员工认为管理层对他们有更为深入的理解及支持并为他们做了很多工作。

为了增强员工对企业的信任度，英国并行技术公司驻中国办事处聘请了孙明先作为新一任的人力资源总监。如人们所想的，新总监会从改变企业文化入手来调整劳资关系的不同，孙明先将重点放在了调整人事文化上。在最初的一段时间内，这位人力资源总监和公司员工进行了无数次地交流。

她积极听取员工的意见，在报酬、赔偿及健康福利等方面尽可能地与员工的期望保持一致。慢慢地，当员工的需求与企业的福利计划结合——在人力资源部门的推动下——变得清晰的时候，信任就开始在企业内部重新构建起来。

进入 21 世纪后，社会化分工发展已经达到了相当的高度，有关员工方面的人力资源管理研究体系也日趋完善，但大多数企业出于直观利益的考虑，单纯追求私利，不太关注员工的利益，这样企业就没办法获得员工的信任。一个没办法获得员工信任的企业将无法获得长期的发展。

人类生产活动的原动力是什么？是个人的需求，也就是私利。这个私利不但是人类生产活动的原动力，而且是唯一的动力，除此之外，我们找不到其他动力。私利作为人类生产活动的原动力，自然催生了生产的积极性。这个生产积极性是劳动者最基本的生产积极性。劳动者还可以产生其他的生产积极性。

在稻盛和夫看来，企业是一个经济组织，是一种以赢利为目的的经济组织，同时，企业也必须承担一定的社会责任。企业追求私利天经地义，而企业履行社会责任也是不可或缺的一个方面。企业或是社会的发展，都是因为人们追求利益的结果，所以企业要想追求利益就得权衡各个方面的利益，不能单纯追求私利，在追求企业利益的时候，要兼顾员工的利益，这样，企业就能获得员工的信任和支持。

石墙缝里闪光的小碎石同样重要

曾经有人说过：每个人不管其地位、智力、性别、宗教信仰、种族和教育程度如何，都有他的尊严和价值。不管他今天是处在什么样的位置，不管他今天是做什么的，每一个生活在世界上的人，他都有自己的价值。在被问到应该怎样经营企业时，稻盛和夫说："石墙缝里闪光的小碎石同样重要。"

稻盛和夫的意思是，在经营企业时，企业里的每一个员工都很重要，每一件物品都有它的用处，不能因为物品小或是员工在企业中所处的位置低，就轻视他。还有一位企业家和稻盛和夫的思想差不多，他说："企业成败的关键在于是否把员工视为最重要的财产，是否尊重每一个员工。如果做到这一点，就能依靠员工创造出不同凡响的业绩。"

有一个著名企业家非常重视团队的作用，在他看来，公司中的每一个成员就像墙上的一块块砖头，每块砖头固然牢固，但要使砖凝结成具有力度的一堵墙，不可缺少的则是砂浆。就是说，整个团队要制定奋斗目标，团队全体人员为共同目标一起努力、相互尊重、相互信任、畅所欲言，这样团队才会不断地前进。这个企业总是寻求新的方法，以鼓励商店里的员工能够通过整个制度将他们的想法提上来。

在每个周六的早晨，企业都会邀请一些有真正能改善其商店经营的想法的员工来和其他员工分享他们的心得。同时企业也邀请那些想出节省资金办法的员工来参加它的星期六早晨会议。这个领导人特别强调倾听员工的意见，帮助他们解决实际问题。他尊重每一位员工，在企业总部，经常能看到一些员工从很远的地方，开着小货车来到公司总部，坐在总部大厅等着见董事长。虽说领导人并不可能接待每一位等待在那儿的员工，而且未必能解决每个问题或赞同每一条建议，但通过这个过程和事实，它保持了公司内部的开放环境。让员工感到公司真心地关心他们，乐于帮助他们，并且非常欣赏他们的努力。这对每一位员工来说，就是一种尊重，也证实了他们的价值得到了肯定。

有一次，一个在实习的学营销专业的大学生，在这个公司的配送中心工作了一个夏天，提出了一个使工作更有效的建议——如何更快填写订单，结果建议被公司采纳，公司以他的名字在他们大学设了一个 5 年的销售专业奖学金，以此表明该企业对员工创造性的高度认可。

稻盛和夫指出，每一个员工都在以不同的方式在管理者的引导下为企业做贡献，尽管在很多情况下不是员工自发的，但是企业领导必须在关注企业效益和客户发展的过程中，重视员工的价值。只有认识到“石缝里闪闪发光的小石子也同等重要”，才能合理利用人才资源，使企业获得长远的发展。

有道是“坚车能载重，渡河不如舟，骏马能历险，犁田不如牛”，每个人闻道有先后，术业有专攻，只有重视经营好每一个员工，才能收到“众人拾柴火焰高”之功效。它要求经营者增强“每个人都是资源”的意识，强化“每个人都是资本”的观念，确立“每个人都是要素”的思想，即使是一个不起眼的“螺丝钉”也要给其“用武之地”，发挥不可或缺的作用，努力构建企业的人才合力。

“利他”是企业经营的起点

所谓“利他”之心，在佛教来说就是“与人为善”的慈悲心，在基督教来说就是爱。“竭尽所能为世间、为人类付出”，利他不管在个人人生中，或在企业经营中，都是不可或缺的一个重要字眼。稻盛和夫，大家熟悉他不单是因为他亲手创建的两家世界 500 强企业，更多人关注的则是他的经营哲学：利他。稻盛和夫说，自利是人的本性，没有自利，人就失去了生存的基础。同时，利他也是人性的一部分，没有利他，人生和事业就会失去平衡并最终导致失败。

在稻盛和夫看来，人们在自利利他的原则指导下发展起了工商业，社会得到快速发展，人们也掌握了商业这一新工具。但时至今日，越来越多的人觉得利他的回报不可靠，利己的收益则近在眼前。比如湖北的一家化工企业花1000万元建立了污水处理装置，以避免对长江水质的污染，可是它很难从这一善举中快速得到好处。反过来，如果它省下了这1000万的污水处理费用，即便其污水殃及了鱼群，其后果也是多年之后、几千公里以外的长江下游才展现出来。随着商业活动范围的不断扩大，原有的“自利利他”价值观逐渐被削弱了。

利己和利他某种程度上是辩证统一的，我们说一个人是否自私，个人品质如何，关键是看他身上利己和利他精神各占的比重有多少。高尚的人处世为人，总要考虑他人感受和社会利益，善于克制自己。

这个世界不是只有我自己在生存，还有我们。

稻盛和夫指出，追求利润，在市场竞争上打败对手，这当然很对，但如果把这个东西推演到企业内部的文化上，企业员工就会说，你的企业是追求最大的利润，以最小的付出获得最大的收入，我们员工也是以最小的努力要获得最大的收益，这样的企业能有竞争力吗？能有凝聚力吗？所以，这个文化就开始改变，我们要从完全的利己改为策略性利他。

世界上不可能没有利己，利己不是罪恶，但是世界上也不能够没有利他，利他也不是乌托邦，而是文明进步的精髓，具有利他精神的文化变革使企业竞争力升华为更高一阶段的重要标志，也是商业文明发展到更高阶段的一个重要的标志。

依照大家庭主义来经营企业

企业经营是通过很多个团队的合作和努力完成的。团队是社会互动的群体。一个人的情绪不仅仅受到生理、生活状况的影响，而且受他人的影响，成员之间会相互模仿、相互感染、相互暗示。团队民主、平等、和谐的氛围可以改变成员的情绪，使人自然地生发出与环境一致的情绪（尊重、民主、礼貌等）。

成功企业在管理中就十分重视人际关系的和谐，把提高团队情商作为重要的管理策略进行策划和实施，依照大家庭主义来经营企业。如：索尼的家庭观念、摩托罗拉的以人为本等，都在努力营造企业的“家庭”氛围，改善企业内部、团队内部的人际关系，协调和消除各种人际冲突，提高人际关系的和谐度。现代企业中的大多数工作都是由各种团队去完成的。

为此，团队的工作气氛以及凝聚力对工作绩效有着深刻的影响。团队能否和谐，不仅取决于其中每个成员的情商，更取决于团队整体的情商。高情商的团队，成员之间往往具有亲和力和凝聚力，团队显示出高涨的士气；低情商的团队，士气低落，人心涣散，缺乏战斗力，因而所在单位也不会有好的发展。所以营造大家庭主义的企业文化氛围是企业想要发展壮大的一个必备条件。

企业文化管理是企业管理的最高境界。建设有特色的企业文化是企业适应市场经济发展的需要，而不是为了追求时髦。企业文化在本质上是企业通过价值观念和精神要素来统一员工思想，指导员工的行为，增强企业凝聚力，推动企业发展的。不同的企业有不同的文化模式，中小企业应根据自身特点来建设自己的文化模式。

稻盛和夫刚开始创立企业的时候，是由于与所在公司的上司之间出现意见不合决定辞职进而自己出来创业的，所以共同创业的伙伴们向他进言道：既然你现在已经能够随心所欲、按照自己的意愿来做研发了，不如把“将稻盛和夫的技术昭示天下”的信念作为新公司的创业理念吧！所以，他将“将稻盛和夫的技术昭示天下”作为公司的创业理念。

新公司在成立的第一年就实现了赢利。然而，在创业第二年，11名高中学历的员工突然集体向公司发难，他们甚至提交了按着各人血手印的请愿书，要求公司为他们未来在公司的升职与奖酬做出承诺，如果公司拒绝他们的要求，那么他们就将集体辞职。稻盛和夫为此对他们进行了三天三夜的说服工作。这场风波虽然最终平息了，但稻盛和夫感受到了巨大的压力。

他明白虽然他自己是想把京瓷当作是“将稻盛和夫的技术昭示天下”的舞台，但是对那些新员工而言，公司只不过是一个让自身能够得以谋生的地方。他开始思考企业应该怎样看待员工。在经过一段时间的迷惘和苦恼之后，他终于意识到，经营企业的真正目的不能仅仅是为了实现自己作为一个企业家的梦想，而是要照料好企业员工与他们家人的生活，要依照大家庭主义来经营企业。

从那以后，他抛弃了要“将稻盛和夫的技术昭示天下”的初衷，而将京瓷的经营方式转变为确实为依照大家庭主义来经营企业。在确认这个经营方式之后，那些一直困扰在他心头的迷雾也一扫而清。从那时开始，公司里很少有懒惰懈怠的员工，员工都变得积极、主动，充满活力。

在进行企业管理时，只要能够首先树立令所有人都真心向往、干难万险也在所不辞的大义名分，就必然能够将企业的所有员工紧密地团结在一起，共同努力。依照大家庭主义来经营企业是指企业建立起一种具有家庭氛围的企业文化。中小企业特点就是规模小，人数少，组织结构简单，办事效率较高，工作场所相对集中，员工上下班之间的接触和了解的机会要比大企业多，从某种意义上说，这也为企业内部的人员交流与合作提供了方便。依照大家庭主义来经营企业的突出表现在于营造家庭氛围。因此，无论是企业的经营思想，还是组织的规章制度，特别是激励与约束机制，都应以员工为核心，实行人本管理。有人以为这说起来容易，做起来难。其实并非如此。

“大家庭主义”建设的关键在于企业决策者的经营动机和长远战略目标。如果把员工当作企业的主人，把企业的前途与员工的个人命运看成是一个有机统一体，那么企业不仅能长远发展下去，而且还会激发员工的智慧和热情，产生一种不可阻挡的力量。构建和谐大家庭，既要努力形成和谐的人际关系，也要积极创造充满活力的环境。

只有充分调动企业员工的积极性、主动性、创造性，让他们的聪明才智得以发挥、人生价值得以体现，才能在更高层次上实现和谐；只有建立健全化解矛盾、解决问题的机制，妥善协调各方面关系，才能把和谐大家庭建设提高到一个新水平；只有广大员工始终保持与时俱进、昂扬向上、奋发有为的精神状态，才能在不断开创工作的新局面中促进和谐，在不断促进和谐的过程中推动事业发展。

忠告 3

培养员工的经营者意识，打造“自燃型”团队

经营哲学的宣扬是为了培养共同经营者

任何事物的发展必须要有先进哲学思想的指导，人类生存竞争需要“自然哲学”，战争需要“军事哲学”，市场经济竞争当然需要“经营哲学”。

稻盛和夫说，企业的经营哲学，是指企业在经营活动中，对发生的各种关系的认识和态度的总和，是企业从事生产经营活动的基本指导思想,它是由一系列的观念所组成的。企业对某一关系的认识和态度，就是某一方面的经营观念。企业无论是否已经认识到、自觉或不自觉，客观上都存在着自己的经营思想。因为企业在经营过程中需要处理的关系涉及方方面面，对某一方面的认识和态度，就是某一方面的观念。这一系列观念的总和就是企业的经营思想，由于人们对企业经营中的主要关系的认识存在差异性。因此，对企业经营思想的主要内容的认识也存在区别。

刚开始创业时，稻盛和夫与员工之间也就明确为一种伙伴关系。那时，他处处冲在第一线，是研发、制造、技术服务等领域的大头兵，可以说是阵阵不落。但是公司扩展成了 100 人、200 人、300 人，他再

能折腾，再阵阵不落，也忙不过来了。面对如何让企业正常的运转、继续发展的问题，稻盛和夫先生想到了中国的《西游记》中的孙悟空一遇险情，就会拔出一把毫毛来一吹，每一个敌手跟前便都有一个孙悟空在那里对垒。

稻盛和夫有一天突然产生一个想法："既然我一个人能够管理100名员工，而一些中层人员还只能管理二三十人，为什么不把公司分解成若干小集体呢？何不培养几个经营者，来共同管理呢？"正是由于这样的思想，他开始在公司里宣扬他的经营哲学，不久之后，体现稻盛和夫"敬天爱人"、"以心经营"思想的"员工手册"问世。

《京瓷哲学手册》成为员工人手一本的语录。每天早晨，京瓷公司员工都有早读的安排。每天结合你自己的任务和紧迫需要处理的事，读《京瓷哲学手册》都会有不同的感受。宣扬经营哲学的主要目的就是培养经营者，将好的经营理念、经营哲学传授给一批新的经营者。

一家企业即使财力雄厚，拥有大量的优秀人才，但是如果不能树立明确的经营理念，那么它终将难以维持有效运转。企业领导者所展示的经营理念和经营哲学能否最终取得企业员工的认同的关键则在于，这些经营理念和经营哲学是否会引起员工发自内心的共鸣。如果企业的经营理念和经营哲学能够在立足于大义名分的同时，将企业的自身目标设定为追求企业员工的幸福、为社会的发展做出应有贡献，那么就自然能够引导员工任劳任怨地积极投入到各项工作之中。

有许多经营者在认真地学习稻盛和夫的经营哲学、建立自己的哲学观的同时，也在努力谋求手下员工对于自身哲学观的认同。在这样的实践活动当中，有不少参加了盛和塾学习的企业经营者成功地将本来只有数个百分点的企业利润提高到了十多个百分点以上。

稻盛和夫有很多信徒。他的"敬天爱人"、"利他"的经营哲学被日本企业界奉为圭臬。稻盛和夫在第十六届盛和塾全国大会上发表讲话。他像个真正的宗教领袖那样，向他的商界门徒们传授了“六项精进”的训诫：付出不亚于任何人的努力；要谦虚，不要骄傲；要每天反省；活着，就要感谢；积善行、思利他；不要有感性的烦恼。这些经营理念是商人们求知若渴的成功配方，但更是开给企业家们的一服心灵鸡汤。

用经营理念和信息共享提高员工的经营者意识

稻盛和夫在经营过程中，非常注重提高员工的经营者意识，培养员工经营者意识，是理顺企业内部生产关系，实现统一意志，集体奋斗的思想基础，也是充分调动员工能动性，挖掘人才潜力，增强企业凝聚力，提高企业战斗力，以不断适应市场经济需要的重要措施和方略。而一个企业的经营理念和信息共享最能激起员工的共鸣，最能使员工产生归属感和责任感。

首先，企业的经营理念是经营者追求企业绩效的根据，是顾客、竞争者以及员工价值观与正确经营行为的确认，经营理念形成企业的基本设想与发展方向、共同信念和企业追求的目标。人总是需要一种精神来指引自己行为的走向。如果企业精心营造一种积极向上的组织文化，员工就会自觉不自觉地接受这种团队精神和文化氛围的熏陶，员工更容易融入这个群体。通过企业经营理念的渗透及企业目标的透明化、具体化，员工则更能明白自身在企业的价值以及自己的奋斗目标，更容易获得事业成就感和自豪感。

稻盛和夫指出，企业经营理念是企业与员工的一种契约，经营理念将经营者的信念渗透至企业内部，在员工中相互共享价值，在企业内部营造一种一体感，也就是员工的经营者意识，公司上下产生相互之间的信赖。它确立了企业的主导价值观，决定着企业经营的价值取向和精神追求，是企业生存的灵魂。对于企业的长远发展来讲，经营理念通过使组织成员理解关心的焦点和努力目标，并使之产生共鸣的形式明示，对于积聚资源具有巨大意义。企业行为真正的判断标准在于企业设定的经营理念是否科学合理，其展开是否符合企业实际，是否易于被员工认同。科学合理的经营理念必然产生正导向，提高员工的经营者意识，引导企业成长壮大。

其次，稻盛和夫认为，提高员工的经营者意识能够与员工风雨同舟，同甘共苦，还需要而与员工信息共享，信息共享就要告诉员工真实的信息，以真诚的态度来对待员工，员工也是企业这个团队的一员，信息资源共享更容易让员工心态平衡，为激发其经营者意识打下良好的心理基础。

员工来到企业，总会有所顾虑，待遇与承诺是否相符，自己能不能在企业得到更进一步的发展，会不会得到领导的重视等。这就需要企业领导者与员工进行有效地沟通，把公司的相关情况如实告诉他们，让他们迅速、客观了解企业的同时，尽快消除担心与忧虑，做到心里有底。

当然，员工也应该勇敢主动地说出自己的真实想法，员工进入公司后，就已经成了这个团队的一员，就必须全身心地融入其中，在理解企业文化的同时，尽力寻找自己的团队归属感，从心理上把企业当作自己的“家”，并因此产生主人翁意识。此时的企业也必须处理好公司的内部管理事宜，为员工创造一种“家”的氛围，使员工在潜移默化之中与公司、与同事建立起微妙的情感链。

赐昱公司在面对经济危机时，把公司的困境和现状信息与企业员工分享。经营者同时深入到了企业各部门,征求广大员工的意见和建议，为公司应对金融危机建言献策。

活动中，共收集到关于开源节流、提高效率、部门重组等各类“提案”300 多份，可以实施且可为企业增效的有 200 多份。

当记者问及该企业员工为什么能上下一心，渡过危机时，他说他们有着相同的信念：与公司共同进退，无怨无悔。

赐昱公司正是靠着与员工之间的信息沟通与分享提高了员工的经营者意识，极大地调动了员工的积极性，为企业进言献策，渡过危机。

稻盛和夫指出，经营理念和信息共享是企业走向成功的驱动器。经营理念是一种总的指导原则，同时也是规范企业行为的一种行为准则，它为企业的发展指明了总体的方向和目标，而信息共享则能让企业领导和员工产生一致的行动，减少分歧和信息不对称。一个聪明的企业领导者要学会用经营理念和信息共享提高员工的经营者意识。

企业应是所有参与者都获得成就感的舞台

每个人都希望自己在人生舞台上事业有所建树，才华得以施展，情感得到尊重，这是所有个人愿景都应包含的。因此，对于这样的个人愿景必须鼓励和支持，平等对待公司里的每个人，彼此尊重，相互包容，形成一种快乐和谐的工作氛围。在这样的团队工作和生活可使人精神振奋，自身潜能得到充分的发挥，使每个成员更加自信，充分体现每个成员的存在价值。

在制定团队的发展方向和奋斗目标时，领导者必须充分考虑到员工的个人价值，根据每个人的不同特点，量体裁衣，将他最擅长，也最能做好的任务委托给他，这既可促进团队工作的开展，又可使员工的才能得到充分发挥，如此，能让他们意识到，这件事必须由我办，只有我能够办好。使每个员工都突显出个人价值并获得工作成就感，从而在以后的工作中不断实现自我超越。

在“许多企业疑惑为什么给了足够高的薪水，还留不住人”这个问题上，稻盛和夫给出了答案：关键的还是忽略了企业文化在工作中的重要性，企业应该注意以企业文化引导员工，使其逐步认同企业的工作氛围。并通过各种文化推广活动强化企业的文化特色，统一思想，建立一种企业应该是所有参与者都获得成就感的文化，即：企业真诚感谢员工为公司发展做出的贡献，让所有员工都拥有一种有成就感。如此，员工便会感激企业给予的发展机会，如此建立坦诚的沟通渠道，以情感和感激来联系企业和员工，从而减少核心员工的流失。

稻盛和夫进而指出，高薪只是短期内人力资源市场供求关系的体现，而福利则反映了企业对员工的长期承诺。深得人心的福利，比高薪更能有效地激励员工。为了最大限度地满足不同员工的差异性福利需要，可推行弹性的员工自助性福利计划，即允许员工在一定的范围和要求内，不同等级的员工以及不同工作绩效表现的员工可以选择不同等级的福利计划。

这样不仅可以加强员工对自己福利计划的参与，使员工产生有权利和价值的感觉。领导者要善于运用自己的情感去打动和征服下属的感情。同时，管理者应表现出对员工的诚挚关心和热情，多从员工的角度来想问题，理解员工的需要。比如，在施工企业中，大多数一线员工都是从各地聚到一起的。他们远离家人，更需要管理者的关心、认可与信任。基层管理者更要注意感情的投资，对员工要有深厚的感情，真心实意地关心和爱护自己的员工，增强员工对企业的凝聚力和向心力。

美国管理学家德鲁克认为："让全体员工都站在上司的立场考虑问题的关键，是要使他们感到自己是企业的主人。"他还说："何为经营之本，我认为就是造就人。"

在短短几年时间内，万科从一个地方企业发展成为中国房地产市场当之无愧的龙头老大，这其中的原因，我们可以在彰显其企业文化的《万科手册》中窥视一二。

《万科手册》中有这样一段话：我们尊重每一位员工的个性，尊重员工的个人意愿，尊重员工的选择权利。所有的员工在人格上人人平等，在发展机会面前人人平等，企业是每个员工展示自己的舞台。万科提供良好的劳动环境，营造和谐的工作氛围，倡导简单而真诚的人际关系。

我们倡导"健康丰盛的人生"。工作不仅仅是谋生的手段，工作本身应该能够给我们带来快乐和成就感。在工作之外，我们鼓励所有的员工追求身心的健康，追求家庭的和睦，追求个人生活内容的极大丰富。

正是秉持这样的企业文化，万科才能发展得如此迅速。而它的员工，也为自己是一个"万科人"而感到骄傲。

企业发展的关键在于合理使用人才，给人才一个发挥自身才能的舞台，做到人尽其才，才尽其用，使人才有施展才华，发挥作用的机会，否则，企业提供的待遇再好，也很难留住人才。企业要根据核心员工的不同特点，依据岗位准入条件，公开公平地选聘人员，通过聘期考核，实行岗位动态管理，使能者上庸者下，吐故纳新，始终保持岗位人员的生机和活力。

企业是一个员工实现其人生价值的重要场所，应当为员工搭建一个事业的舞台，给员工提供完成工作所需要的一切资源，让每位有能力、有抱负的员工在这个舞台上充分施展，将员工的希望和梦想和企业的目标联系在一起，使员工真心实意地为自己的成功、同事的成功和企业的成功而努力。

技术、心态、和谐融合一体，才能催生强大的企业

正如被世人归纳为人、财、物三点一样，一般人都把人才、产品、设备、资金等看得见的资源看作是决定企业发展的重要因素。对于企业发展靠什么这个问题，历来企业家众说纷纭，莫衷一是。有人说企业家最重要，理由是企业家少，能够取得成功的企业家更少，是企业发展的稀缺资源，必须把企业家培养好、保护好、用好。

在企业如何发展的问题上，有的说企业团队重要，光有企业家不行，还得有一个团队，这个团队的主体是员工。有了这样一支队伍，我们的企业就肯定能搞好。有的说企业发展要改革财产组织形式，把企业的财产与个人，尤其是与经营者个人结合，并且结合得越紧密越好，企业就能搞好。有的说企业技术进步最重要，技术进步是企业持续发展的关键所在，技术权威成了企业高管人员，一切按照技术要求办事。

当今企业，尤其是企业管理团队，要面对市场上许多复杂的环境，有很多的诱惑，需要加强监管，这关系到企业的安全。稻盛和夫认为，代表一个企业经营目标的经营理念，以及企业所秉持的经营哲学等看不见的因素与看得见的资源一样，对于企业的繁荣和维系都是不可或缺的重要存在。

他指出："技术、心态、和谐，只有在这三点融合一体时，才能催生强大的企业。一个强大的企业不仅要在技术层面上具有优势，其综

合实力也应该具备同等优势。对于企业而言，只有在技术实力、营销能力、员工心态、企业内部成员关系等所有层面上保持优良状态，才能够始称强大。仅靠某项技术立足的企业，迟早会随着这项技术一道陨落。因此企业管理者必须摒弃‘唯技术论’的经营理念。”

企业的发展壮大首先是靠技术的发展和创新。企业的发展如同自然界生物，需要不断地吐故纳新，从而维系生命的延续。不断更新，开拓思路，创造市场，因为任何产品只要一投放到市场，同顾客见面，就已经淘汰，它有优点的话，必然有缺点，如果下一代产品不能改变这些存在缺点，那将意味着要淘汰。因此，创新也就是寻求发展，不断打破自我平衡，完善自我的过程，尤其是已取得成功的企业，往往容易满足于现状，沾沾自喜，高枕无忧，直到有竞争对手出现在面前时，才去努力，结果坐失良机，以致被对手打败，吞并。

员工的心态很重要，企业员工的主动性和积极性才是企业发展的原动力。对每个员工，不断提出新的进取目标，让他们对企业具有强烈的事业心，责任感和奉献精神，发展企业谈到底是人，产品的品质就是人的素质，优秀的产品是优秀的员工生产出来的。只有一支高素质的充满创新意识的新型管理队伍，才能为企业不断注入活力，使企业长久不衰。优秀的企业文化是中小企业获得发展的重要根基。这是因为中小企业与大企业相比，在资金、设备、人才等看得见的资源方面，不管在哪个要素上都处于明显的弱势。

因此中小企业要想在激烈的竞争中取胜，就绝对不能一心只注意这些要素，还必须在企业文化上下足工夫，取得不凡的成果，从而为企业赢得足够的竞争力。因此，我认为企业的领导者在进行企业的经营活动时，应该将最大的关注点放到如何确立企业的使命和目标、创造优秀的企业文化上，力争与企业员工在思想和认识上取得一致。

企业文化也是很重要的部分。一家企业即使财力雄厚，拥有大量的优秀人才，但是如果不能树立明确的经营理念和哲学、无法提高企业员工的凝聚力，那么它终将难以维持作为一个组织的有效运转。诚实守信的企业文化是企业发展的根本，不讲诚信的企业没有能生存长久的。秦池的川酒勾兑、三株的虚假广告、巨人的激情创业、南德的虚张声势，最终使他们走上了不归路。而海尔集团的“抗斜坡球”理论却使海尔集团可持续地取得了巨大的成功，在快速发展的同时避免了企业“猝死”的命运，这种强化基础管理的管理模式功不可没。

企业文化只要能够立足于杰出的经营理念，就必然能够得到企业员工发自心底的认同，使他们主动采取行动，积极推动企业的发展。而这种企业员工的主动性和积极性才是企业最宝贵的财富和发展的源泉，并且也只有那些能够不断激发员工主动性和积极性的企业，才能跨越不同时代，永远保持兴旺。

不要以旧观念使劳资双方对立

劳资关系，是指劳动者与其所在组织单位之间在劳动过程中所发生的关系。主要是指劳工和资方之间的权利和义务的关系，这种关系透过劳资双方所签订的劳动契约和团体协约而成立，也称劳雇关系。

在一些国家，劳资双方的矛盾突出，在企业中经常发生企业家降低或是拖欠工人工资，然后工人开始罢工，致使企业停产，最终导致社会紊乱。

随着社会生产力的发展，企业经营和管理理念的发展，越来越多的企业经营者认识到，运营中的企业是一条行驶于浪中的船，劳资双方分别是船长和舵手，无论谁制造矛盾，不仅船不会向前行驶，还可能使双方都同船一起沉入水底。船长和舵手的矛盾是关系船是否能行驶的核心矛盾，劳资关系也表现为企业的核心矛盾。所以，企业家都纷纷学习如何改善劳资关系，创建新的劳资关系。于是一些企业家呼吁企业管理人员应该实现观念上的彻底转换，改变旧有的、传统的管理观念，不要以旧观念使劳资双方对立。

当稻盛和夫被问到如何提高企业员工的积极性，如何使员工齐心协力为企业出力时，他指出，不要以旧观念使劳资双方对立，领导者在经营企业时要学会为员工着想，也就是他自己经常说到的“利他”，只有你以新的观念看待劳资关系，认识并且肯定员工的工作，才能得到员工的敬重和信任，这样才能建立和谐的内部经营氛围，员工才能为了企业而努力工作。

在稻盛和夫看来，不要以旧的观念使劳资双方对立，就需要新的对劳资双方关系的认识，这个认识需要在一切企业人当中进行完全的思想革命，改变自己对待工作和责任的态度，改变他们看待企业家或是企业管理者的观念。同时，企业经营者和管理方面的工长、厂长、雇主、董事会，也要转变他们改善工人的待遇，改变他们对员工的态度并且要承担企业的社会责任。

浙江飞雁羽绒制品有限公司是一家专门从事羽绒和羽绒制品研发、生产及销售的民营企业。该公司分别通过了ISO9001－2000国际质量体系认证和ISO14001－1996环境管理体系认证，“飞雁”商标连续四次被评为“浙江省著名商标”。目前，公司已具备年产40万件（套）羽绒制品的能力，产品畅销全国各地，年产值达4500万元人民币。能取得这样的成绩，主要是因为近年来，飞雁公司努力改善劳资关系，企业的经营维护员工的利益。

在市场经济的发展和管理理念的变化下，企业领导人认识到转变旧的劳资观念，改善劳资关系是实现企业更快更好发展的重要保证，是企业其他各方面组织工作开展的基础。因此在企业中树立了“双赢”理念，将表面上彼此对立的老板与员工之间的雇佣关系提升到统一层面，即两者是和谐统一的——公司需要忠诚和有能力的员工为其服务，而员工通过企业这个平台发挥聪明才智，实现个人的价值。建立健全以企业与员工的劳动关系为核心的各项规章制度，建立员工工资保障制度，建立安全生产责任制，保障员工人身安全。

该公司还加大资金投入力度，先后建起了标准化的员工宿舍、高标准的篮球场，购置彩电及各种体育器材，组建了飞雁女子腰鼓队，经常组织篮球、乒乓球、拔河、象棋等厂际比赛，每年举办春节文艺联欢等活动；建立困难员工互助互济基金，三年来共资助困难员工 18 人次，计 8000 多元；建立员工生日档案，在员工生日当天，由工会主席将生日蛋糕送到员工手中。同时，公司高层领导带头参加各种活动，并坚持与员工一起在食堂就餐和吃“年夜饭”，拉近老板与员工之间的距离。

通过这些，进一步丰富和活跃了员工的业余文化生活，营造了“家”的浓厚氛围。通过物质、精神和制度等方面的改善，该企业实现了和谐的劳资关系。通过精神上的鼓励和关怀，增强了员工的凝聚力，营造了和谐的企业经营文化氛围。这使得员工头脑中形成“厂荣我荣、厂衰我耻”的主人翁理念，员工积极为公司达到赢利目标而奋斗的精神状态，追求公司利益最大化实现以小的投入取得大的回报的思维方式，有奉献意识。

通过该公司的成功及策略，我们可以看出企业兴衰，关键在于是企业的劳资关系是否和谐。理解、尊重、依靠员工，才能充分激发员工的工作积极性，才能使员工相信企业，为企业做贡献，这样就能提高工作效率，节省企业成本。

不要以旧观念使劳资双方对立，就是要正确对待劳资关系，要认清劳资关系双方是因为能够互相带来利益而走到一起的，双方拥有共同的目标，彼此虽是对立关系，但更是合作关系。这也正是稻盛和夫始终强调的“企业主人”的观念，把企业的发展当成自己的职责，只要企业发展好了，无论对谁都有好处；也只有企业发展好了，才能使自己的利益最大化！

忠告 4

脚踏实地，企业的成功在久不在速

经营者光靠激情并不足以推动企业的发展

稻盛和夫认为激情是一个企业成功的必要因素，但经营者光靠激情并不足以推动企业的发展。诚然，企业经营者充满激情就会情绪高涨，干劲十足，信心百倍，觉得自己拥有无穷无尽的力量和智慧，经营者的这种激情是一种稀缺的精神资源，是一种昂贵的精神品质，它产生一种强大的趋力，让经营者充斥着强烈的感觉和高昂的情绪，在高度自觉的状况下，把全身心的每一个细胞都调动起来。它是一座隐藏的火山，一旦引爆，能量巨大无比，能够融化一切，创造一切，让我们周围的一切产生一种化学反应，发生质的变化。

然而，经营者光靠激情，而没有使命感、责任感和行动的魄力，企业仍然很难取得进步。富有使命感，才会专注于自己的本职工作，甚至勇于承担更大的使命；富有责任感，内心的激情才能听从召唤，不因外界的干扰和一时的挫折而气馁放弃。当激情、使命感、责任感都化为经营者自身的行动时，企业能够取得的成就和达到的高度，最终会让人们惊诧不已。

甲乙二人是同学，在学校里，公认甲比乙强，在甲眼里，乙就是一个傻乎乎的小兄弟。

毕业了，两个人都怀着对未来的渴望与激情在同一个单位参加工作。

两年后，甲没什么进步，变得沉默寡言，乙则成为单位的骨干力量。

两个怀着共同的梦想和激情的年轻人仅仅两年的时间，变化为什么这么大？

进入单位，甲自恃甚高，眼高手低，长于言，短于行，久而久之，自己变得懒惰，在领导眼里也留下了不成器的印象。而乙一参加工作，就勤于行，带着一股傻劲尝试各种难度的工作，开始，师傅还烦他，时间一久，从领导到师傅都喜欢上了乙的傻劲，认为这小子可造就，就有意培养。乙借势爬高，进步飞快，新点子、新方法不时冒出来，不时让人刮目相看，结果就成了技术能手。

同样的激情，不同的行动法则，造就了不同的人生。

在稻盛和夫看来，激情是动力，是助推器，有了激情然后加上自己的努力就会将今天的不可能变成明日的事实。英国哲学家约翰·密尔说过：不管是最伟大的道德家，还是最普通的老百姓，都要遵循这一原则，无论世事如何变化，也要坚持这一信念。它就是，在充分考虑自己的能力和外部条件的前提下，进行各种尝试，找到最适合自己做的工作，然后集中精力、全力以赴地做下去。

全力以赴的人是企业最宝贵的财富，因为全力以赴，经营者就能不惜一切代价，不达目的誓不罢休。把自己的激情转化成比别人多几倍的努力和艰辛，想尽一切办法把工作做到出色。而且，全力以赴地做下去就会对工作总是具有强烈的进取心，知道自己需要什么，知道企业需要什么，怎样才能做到。

稻盛和夫指出，每个经营者的内心都有对成功的渴望，都具备创造成功的激情。真正的激情是成功和成就的源泉，有了激情，经营者甚至可以预见自己每天的销售量以及收入和支出的金额。企业的发展像是一部电影在你的眼前呈现。这个企业似乎拥有自己的生命，而且流光溢彩。于是，经营者感觉到从内心升起一股信心，使得计划成功，并开始对未来感到乐观。

当然，具备了激情，只是成功了一半，并不能带给企业真正的发展。这时，就是经营者出发的时候了，也就是将激情与梦想付诸具体的行动。一旦行动开始了，就要有决心和毅力坚持下去。不成功，绝不罢休。这就需要经营者用心对待每一件事，认真做好每一件事，全力以赴。领导者的行动、行为的好坏就像一把火席卷整个团队，将会影响员工的行动积极性和企业的发展。因此，千里之行，始于足下。激情只是脑海中的一幅蓝图，一个宏伟的计划，每一个计划的实现都要付出不亚于常人的努力，只有努力和付出才能有回报。所以，经营者激情再加上行动才是推动企业发展的马达。

贪婪会使最简单的问题复杂

有这样一则故事，说明了贪婪最终的结果就是使自己陷入无法自拔的境地，禁锢思维，连最简单的解脱方法也会被忽略，事态会更加严重。

一群聪明的猴子喜欢偷吃农民的大米，为此，人们想尽一切办法制服它们：用装着镇静剂的枪射击，用陷阱捕捉……都无济于事，因为它们反应太快，动作太敏捷。后来，一个动物学家找到了捕捉猴子的方法：将一只窄口的透明玻璃瓶在树干上固定好，放入大米。

到了晚上，猴子来到树下，伸手去抓大米（这瓶子的妙处在于猴子的爪子刚好能伸进去），等它抓起一把大米后，由于拳头紧抓着大米，爪子怎么也抽不出来。贪婪的猴子始终不愿放下已到手的大米。第二天，人们抓住它时，它依然不愿放手……

为了一把米，猴子失去了自由，这是聪明的猴子怎么也明白不过来的道理。它将手伸进瓶子时，满脑子只想着怎么将米吃进嘴，是大米迷惑了它的思维，以致危险来了它依然“咬定青山不放松”，非要将这把致命的大米送进嘴才安心。

人固然比猴聪明，但在面对利益诱惑时，也往往缺乏理智。明明知道是圈套，却又经不住诱惑，总以为既能得到自己想要的东西，又能进退自如。岂不知在伸手的瞬间，贪婪的欲望就使你注定落入他人设好的圈套，注定了被别人牵着走。从此身不由己，说着言不由衷的话，做着违背自己意愿的事，轻则狼狈不堪，重则身败名裂。

稻盛和夫认为，人要时刻保持清醒的头脑，笑看云卷云舒。摒弃不该有的欲望，心就能亮堂堂，照得见自己也照得见他人。人活着，仅有聪明是不够的，还需要善于理性思考，用理智驾驭自己的欲望，明辨是非，认清潜在的危险，不贪非分之利，否则最简单的问题也会变得复杂。

有这样一个案例，说明了贪婪可能会使一个企业由盛转衰甚至失败。

凯马特是美国显赫一时的超级零售商，在20世纪后期位居美国零售业榜首。现在几乎所有超市都在使用的收款系统，就是凯马特首次使用的。

随着规模越来越大，凯马特的管理者的头脑开始发热。他们认为，在全球的零售业当中，没有谁是凯马特的对手。因此，从1985年起，凯马特将大量的资金用于收购书店、体育用品店、家庭用品店及办公用品店，试图通过向 8 个不同领域的扩展使自己更加强大，成为零售领域的“全能冠军”。

不过，令凯马特没有想到的是，市场的反应并没有他们预料的那么积极。事实上，耗费大量资金和精力辛辛苦苦收购来的企业不仅没有给凯马特带来一分钱的利润，反而年年亏损，凯马特虽然是零售业的超级航母，但也经不起这样的亏损，于是只得将这些企业转卖。

而在凯马特四处扩张的时候，沃尔玛已经后来居上，并取代凯马特成为美国零售业的霸主。尽管凯马特试图扳回霸主地位，但这时，已经雄风不再，结果，其赢利大受影响，到期的欠款无法支付，最终只能申请破产保护。

稻盛和夫认为，在企业经营中，为了企业的生存和员工的发展，利润是雇主不得不追求的。这没有什么可耻的。自由市场的原则就是竞争，利润是正当营业所应得的报酬。无论是员工还是管理人员都是通过努力工作才获得利益的。

然而，如果让利益蒙蔽了双眼，完全屈服于“利”，这就成了贪婪。所有利润都应是辛勤的劳动换来的，把利润投入到品质改良上以满足客户的要求，才是正确的，才是能够保持企业长远发展的选择。

不要追逐利润，要让利润跟着你跑

企业发展时要克制贪心，做到适可而止。已经取得赢利的时候要注意获利了结，不要总是贪心想赚取更多的收益。这是稻盛和夫提出的观点，稻盛和夫还指出：“不要追逐利润，要让利润跟着你跑，使收入最大化，支出最小化，是企业成功的基本概念。利润无法通过追逐得来。只有持续增加收入、减少支出，才是企业获得利润的根本途径。”

不要追逐利润，意思是企业不能只是一味地追求利润的增长，要在追求企业发展的道路上始终坚持企业赖以发展的基本原则，要承担社会责任。也有人曾经说过和稻盛和夫相类似的话，著名管理学家彼得·德鲁克曾说：“企业目标唯一有效的定义就是创造顾客。”他的意思是：企业要是只是追着利润跑的话，不仅会使企业领导人迷失方向，而且还会造成经营文化氛围的混乱，甚至有时候还会失去员工的信任，以至于危及企业的生存。

单纯追求利润的企业可能为了今天的利润而危害了明天的发展。追着利润跑的企业领导人可能看不清企业长远的发展方向，可能就为了短期的利益而使企业大量生产容易推销的产品，结果造成了产品的堆积和资金的占用。追着利润跑的企业也可能因为短期的利益，舍不得在产品研究工作、员工培训等长期投资方面花钱。特别是他们不情愿进行任何基建投资来扩大企业的固定资产基础。这样一来，他们的设备就可能陈旧，以至于达到危险的程度。

根据稻盛和夫的经营理念，不要追逐利润，就是不要单纯地追求短期的利益，要懂得为企业的发展做长远的计划和打算。中国有句古话叫：放长线钓大鱼。这与彼得·德鲁克提出的“必要的最低利润，是维持企业继续生存和发展的保证”的理论不谋而合。

面对日趋变化的社会环境，企业目标不应是单纯地追求企业的利润，还要将社会责任、尊重人等都作为企业目标的组成部分。在现代社会中，传统的企业利己主义和单纯的追求利润会受到社会的批判。企业不仅是由员工、经营者和投资者为主体组成的经济组织，也是一个包含顾客、供货商、竞争者、政府等要素在内的开放系统。

任何企业都是从小做大的，不可能一步登天。企业的利润都是一点点慢慢积累和赢得的。追求利润是每个企业经营的目的，是天经地义的事。问题是怎样追求利润呢?

有一个人凭着自己的才能和毅力开创了一家公司。在经营和发展这家公司时，他把“顾客为先、薄利多销，童叟无欺、诚信为本”作为公司的经营目标，而不是像有些企业一开始就以追求利润为目标。刚开始他的公司出产的产品利润很少，大家都认为像他这样肯定会亏本，甚至过几个月公司就要倒闭。但是经过几个月的时间，他的公司开始赢利，事实证明他制定的目标是非常正确的。

和同行的其他企业比起来，他们的产品不但价格实惠，而且质量也高，这样他就赢得了顾客，大家都喜欢他们的产品。加上他们公司的诚信的理念，使他们在市场上有了很好的声誉。每件产品都比别人少挣一点，虽然损害了短期的利益，但是正是因为他不追逐短期的利润，而是着手长远，以过硬的质量和低廉的价格赢得的顾客的不断增多，这样长时间之后，他的公司所挣的钱并不比只追求强调利润的公司少，反而还多了一倍。

当其他公司醒悟并开始效仿他们，打价格战时，由于他的诚信和惯性消费令顾客更多地选择了他的产品。加上他又在产品的更新换代上大下功夫，把一些更适合顾客的产品推向了市场，依然秉承着公司的一贯宗旨，并没有趁机谋取暴利。正是他的这种以顾客满意为满意，以顾客需要为需要的方针，为他赢来了更多的顾客。而顾客的增多也为他带来了更多的利润，令他的公司获得了更大的发展。

这就是稻盛和夫说的“不要追求利润，让利润跟着你跑”。只有不单纯追求利润，在必要时割舍一定的利润，如承担其在环保、就业、社会稳定等方面相应的责任，和对顾客做出让利等。由此而保持自己在公众中良好的形象，这样利润就能跟着你跑。否则，以强调和追求利益为目标的企业，只会赢了今天输了明天。

企业的发展树立正确经营目标尤其重要。如果企业为了片面追求利润，损害消费者利益，毁坏企业自身形象，破坏生态环境，必然带来恶劣的社会效应，这样恶性循环，企业最终还是没有利润可以追逐。只有企业树立正确的经营理念，把顾客利益放在首位，让消费者满意，承担社会责任，企业才能有经济效益，社会效益，这样不用企业追逐利润，利润就会跟着企业跑。

企业若为了追求短期利益不尊重消费者或社会的利益，势必得不到消费者或社会的认可。所以企业在追求利润的同时，必须不能损害消费者或社会的利益，这样才会得到源源不断的顾客，企业才会有长远的发展。只有真正把顾客利益放在首位，真正尊重消费者权益，承担社会责任的企业才会被社会所认可，最终才能让利润跟着企业跑。

简单是企业经营的原理原则

企业经营的成功，就意味着企业的发展和壮大。要想使企业发展壮大，就得依靠企业的经营原理原则。

稻盛和夫认为，懂得了企业经营管理的原理原则，经营者的头脑就会清醒起来，精神就会轻松起来，眼界就会开阔起来，心胸就会宽广起来，心理就会平衡起来，智慧就会启迪出来，遇上问题就会心神自定，分析问题就会清晰明了，解决问题就会有条不紊，经济决策就会正确果断……所以，企业经营管理之道的实质就是企业的成功之道。要想成为一个真正成功的企业经营者，就要明白企业经营之道的原理原则。

我们很多人往往容易把事情考虑得过于复杂，其实，事情的本质是单纯的。其实，表面看上去很复杂的事情，要是将其分解开来，也只是好几个简单的事件而已。企业经营也是一样，稻盛和夫曾经指出，关于经营和会计上的技巧和秘诀，无非就是最原始最简单的东西。也就是说，不要被细枝末节蒙蔽了双眼，抓住问题的“根本”即可，即使最复杂的会计也是如此。无论多么错综复杂的问题，都能追根溯源回到原点。面对千头万绪的经营或者会计上的问题，用简单原理对事情进行判断，就能化繁为简。

优秀的企业都懂得摈弃复杂烦琐的东西，依靠最简单、平常的东西来解决问题。比如 IBM 公司，就是靠着简单而又明确的原则和信念，把员工凝聚在一起。这些原则和信念构成了 IBM 特有的企业文化。IBM 的行为准则包括：必须尊重个人；必须尽可能给予顾客最好的服务；必须追求优异的工作表现。这 3 条老沃森制定的简单原则，一直是 IBM 的行事方向。

作为一个拥有 40 万员工，年营业额超过 500 亿美元，在全球各国都有分公司的“巨无霸”企业，“行为准则”却只有 3 条，的确不易让人理解。老托马斯·沃森在 1914 年创办 IBM 公司时，只是本着让公司赢利，同时证明自己的价值这些基本而又简单的想法，写出了这 3 条准则，并以此作为公司的基石。他的目的简单明了——只是让那些为他工作的人明白，公司要的是什么。

这些简单原则，是任何一个 IBM 员工都必须坚守的基本原则。在 IBM，任何决策和行为都是这些准则的体现。IBM 的企业文化就是一种简单思维指导下的文化，这种文化说明，简单的原则比技术革新、市场销售等的贡献还要大。

IBM 的原则简单，执行则更为简单，IBM 对此只有两个字——去做。IBM 在会议、内部刊物、备忘录、集会中所规定的事项，或是在私人谈话中，都体现了其简单原则。IBM 公司所有的主管人员都必须身体力行这些原则，避免让这些信念和原则变成空话，如此，则是在提醒全体员工：只有按照简单原则行事，才符合 IBM 的要求，才能共同得到发展。

一个简单的问题，不能人为地把它复杂化；一个复杂的问题，更要将之简单化。任何大企业，无论其理念和管理手段多么先进，都会由上至下逐渐减弱，因此，越是复杂的原则、理念越难以落实到基层，采取简单的、通俗的原则，可以将之贯彻到最基层，从而也就很好地解决了流程和执行问题。国内的很多企业，规章制度动辄就是几十几百页，其实这么复杂的制度，有几个人愿意去了解呢？它们又怎么可能被落实呢？所以，管理源于简单，这是 IBM 这样一个“巨无霸”企业的管理经验对管理者很大的启示。

稻盛和夫说，刚开始经营京瓷时，根本不知该如何经营一家公司，很茫然。当时他不管自己的困惑，决定就凭做人的是非判断能力，选择正确的事去做，并且坚持将它做好。当时他把“不说谎、不给人添麻烦、诚实、不贪心、不自私自利”这些简单的规范，奉行为企业经营的指导原则及行事判断的守则。就是这些我们从小听父母和老师讲，但长大后，渐渐忘记的最简单的做人的原则。

虽然当时稻盛和夫对经营一窍不通，但是他相信不管是做什么事情，如果违反大家共同认定的伦理与道德，是不可能成功的。就是在这些再简单也不过的标准和原则的指引下，稻盛和夫始终无惑地走在正确的方向，并且把公司带向了成功之路。所以当别人问稻盛和夫先生成功的经验和方法时，他说他拥有简单却强有力的指南针，让他懂得去追求人所应为之正道。

通过稻盛和夫的成功经验，我们能看到，其实简单也可以作为企业经营的原则。这需要我们现在的企业经营者反省。随着市场经济竞争的激烈，越来越多的企业经营者不惜以损害消费者利益，损害员工的利益、毁坏企业自身形象，破坏生态环境为代价，追求企业的经济效益。

这些企业虽然获得了短期的利益，但最终还是会被消费者唾弃，最终失败。要是企业家像稻盛和夫先生一样，用简单的经营原则，尊重员工、体谅员工，尊重顾客，不要让利益蒙蔽你的双眼，秉持一颗判断是非曲直的心，就能获得成功。其实，企业经营也是和做人一样，只有坚持做人最基本的原则，树立正确的经营原则，踏踏实实坚持下去，才能获得成功。

经营依赖踏实努力的积累

每个人都有属于自己的梦想。梦想是美好而纯真的。但实现梦想的过程却是曲折而又艰辛的。只有不放弃自己的梦想，踏实努力地一步步前行，才能找对自己的人生轨迹，朝着梦想与现实交汇的地方不停奋斗。在生命的征程中，踏实和努力是做好一切事情的必备品质。为了成功，我们需要抱着坚强的信念振奋努力去铺就一条胜利大道，像松鼠一般孜孜不倦地努力，像蜗牛般踏踏实实地前进。

生活中，除去我们无法抗衡的自然灾害，就没有不可能完成的任务，也没有解决不了的问题。所以只要是问题，就一定有办法解决，不要说自己已经尽全力、无力可施了。往往成功就在附近，只要你能再努力一把，再踏实一些，它就会出现在你眼前。

稻盛和夫曾经强调 :“努力工作可以磨炼灵魂，经营则是靠踏实努力的积累。禅宗的和尚和修道的修行者们，在刻苦修行的过程中磨炼自己的灵魂。将心思集中到一点，抑制杂念狂想，不给它们作祟的空间，通过这样的修行，整理自己的心绪，磨炼自己的心志，造就纯粹而优秀的人格。因此说，努力踏实工作和修行过程一样，能磨炼人的灵魂。”

在世界级的大公司，管理人员都要从基层做起，连老板自己的儿子要接班，也得在公司的每个岗位去做一遍。从基层干起，踏踏实实地奋斗，积累经验、诚信和人气，这是担当重任不可缺少的要素。同时还可以让员工经受艰苦的磨砺和考验，体验各个岗位乃至人生奋斗的艰辛，更加懂得珍惜。由此可知，勤奋和踏实对塑造一个优秀人才是多么地重要。

正如稻盛和夫说的那样，做人很重要的方面就是要踏实努力，很多很有成就的科学家艺术家，都从始至终保持着踏踏实实的工作态度，努力地经营人生。比如爱因斯坦、肖伯纳、居里夫人等。他们都在各自领域上有了一番成就，却没有因此而骄傲自大，为所欲为。他们依旧钻研，依旧踏实、谦虚、努力，尽他们的能力去帮助他人，为社会甚至整个世界做贡献。如果他们因取得的成绩而骄傲，自满，不再如往日那般勤奋，踏实，那就不会再有任何成就。

A 对 B 说 :“我要离开这个公司。我恨这个公司！”B 建议道 :“我举双手赞成你报复！破公司一定要给它点颜色看看。不过你现在离开，还不是最好的时机。”A 问 :“为什么？”B 说 :“如果你现在走，公司的损失并不大。你应该趁着在公司的机会，拼命去为自己拉一些客户，成为公司独当一面的人物，然后带着这些客户突然离开公司，公司才会由此受到重大损失，非常被动。”A 觉得 B 说得非常在理，于是努力工作。终于，半年多的努力工作后，他有了许多的忠实客户。再见面时，B问A："现在是时机了，要跳槽赶快行动哦！" A淡然笑道："老总跟我长谈过，准备提升我做总经理助理，我暂时没有离开的打算了。"其实，这也正是B的初衷。

对个人而言，现在的工作业绩就是明日你的简历上浓重的一笔，也是未来的资本。因此，在积累的阶段一定记得把地基打牢。踏实工作才是智者的选择。

企业的经营也和个人的发展经历大致相同。要想使企业能够不断进步，就不能急功近利，奢望目标一蹴而成。经营需要在实践中一步一个脚印地踏实前进，并在成长过程中不断积累经验，努力改善不完美的地方，最终实现蒸蒸日上的美好局面。

我们都要面对以后的人生道路，那会是充满艰辛和竞争的旅途。是否成功，在于我们是否有踏实做人，本分做人的精神。我们需要知道，自己要做的事还有很多，还有很多东西值得去探索，学习，还有很多不足有待改进和提高，只有踏实本分努力上进的人，才能将本职工作做好，才能攀登一个又一个事业的新高峰。

我们都渴望生命中的鲜花与阳光，但却无法拒绝和逃避生活的苦难，完美的人生就是要从挫折中获取坚强，从失败中看到成功的曙光。

杰出的经营者会游刃于两极之间

现代企业面对的经营环境纷繁复杂、瞬息万变，越来越多的人认识到作为企业航行的舵手——企业领导者必须具备优良的心理素质和准确的判断力，以便于企业在航行时确定正确的航道和经历大风大浪。

正确的航道是组织存活的基础，要是一个企业连目标都是错误的，那这个企业将无法生存、发展和壮大。作为舵手的组织者还要培养经得起风浪的勇气和意志。

稻盛和夫曾经说过，作为领导者必须率先垂范，以亲身背景做示范，教育员工。并且，身为企业的高层领导，综合考量战略战术也很必要，如此往来于前线与后方，实行指挥，才是杰出的领导者。成功也是考验，一时的成功不能保证一世的成功。其实，考验并不是单指苦难，成功也是上天给予的考验。即便凭借一时的运气获得成功，也绝不能忘乎所以。不失谦逊之心，努力不懈，这点至关重要。

要学会虚心倾听别人的意见，在自信的心态上还需退后一步，保持谦虚，向包括部下在内的各色人等请教，完善自己的想法。杰出的经营者在持有强硬领导力的同时，游刃于两极之间，另一方面，也须兼备将前者予以否定的谦虚精神。

对于领导者，稻盛和夫强调的是，作为经营者必须要具备领导力的这两方面，即强硬的领导力和温情谦虚的关怀精神。为什么经营者要游刃于两极之间，具备这两方面的特质？因为领导人如果具有了强硬的领导力，那么这个领导者将对工作中的人和事不带感情因素，善于分析，思维清晰。这种领导者善于竞争，追求控制权。

与之相比，具有温情谦虚的关怀精神的领导者积极参与各项事务，感情丰富，并且善于培养下属。这种领导者善于合作，寻求意见的统一，倾向于通过非正式的协议和双方之间的互谅互解。要想成为一个成功的领导者，领导企业走向成功，领导者必须具这两种特质，才能使企业处在一个充满竞争的环境中时，时刻处于竞争的优势地位，才能积极面对企业生存挑战。同时因为企业是由人组成的，他们掌握着组织需要的知识，并且渴望激情、挑战、成就和被认可，这就需要领导人拥有这种温柔的特质，这样才能使企业上下团结一致，才能使企业有和谐的经营文化氛围。

一位农场主为了解决某块草皮过于茂盛又无暇修剪的困扰，从朋友的牧场买来了两头羊。体型较大的农场主管它叫麦克，比较瘦小的农场主叫它佩蒂。刚开始时，麦克和佩蒂被关在笼子里。整个白天，麦克都不停地用头撞笼子，直到晚上筋疲力尽了，才垂头丧气地躺下。而佩蒂，在撞了几下之后就躺在旁边，之后再没动过。

过了几天后，麦克和佩蒂开始被放出笼子，有一只叫欧迪的小狗负责看护它们。这条狗体形很小，但却异常凶悍，总喜欢追着麦克和佩蒂玩。刚开始，麦克和佩蒂只会埋头四窜，直到有一次，佩蒂停下来朝欧迪冲来的方向顶了回去，欧迪立刻停了下来，和佩蒂对视了会儿后悻悻地走开了。之后，欧迪只待在离麦克和佩蒂很远的地方。麦克和佩蒂对事情的反应也有很大的不同。当农场主将两只狗拴在链子上，有人靠近时，佩蒂起初不安然后渐渐接受，而麦克一直都是死命地往后躲。

农场主要将它们赶回笼子或是喂它们食物时，佩蒂很温顺，而麦克总是很不安分。到后来，农场主看到大个儿的麦克总是跟在小个儿的佩蒂身后，佩蒂去哪里，麦克也去哪里，而到了一个新地方，先吃草的一定是佩蒂，麦克都是在佩蒂吃过之后才开始，佩蒂慢慢地变成麦克的领头羊了。

为什么小个儿的佩蒂最后反而成了领头羊，就是因为佩蒂身上具备了我们所说的领导者的两种特质。一开始面对笼子及农场主的喂养时，麦克一味地乱冲乱撞，而佩蒂，只在最初尝试了几次就放弃了，可见佩蒂有辨析的能力以及冷静、准确的判断力。

具有这种特质的领导人在面对激烈和不确定的市场环境时能准确

地做出判断，能制定有利于企业发展的目标和方向，还能赢得下属的尊重和拥护及对手的敬重。这种领导者能密切关注宏观大局和微观细节，关注客户、顾客和下属，发现需求和风险、问题以及机遇，制定全面的执行计划。

面对小狗欧迪的追逐时，佩蒂从起初的逃窜到最后的反抗正体现了作为领导者的另一个特质，就是强硬的领导力，勇于接受挑战。这种领导者能在必要时直接、明确、坚定、毫不含糊地说“不”。具有强硬的情感——稳重、果断、无情，但不失人性。

稻盛和夫指出，领导者游刃于两极之间，持有强硬领导力的同时，兼备谦虚精神将能让企业获得长远的发展。同时具有这两种特质，将有助于赢得权威和信任，有助于任务的完成，有助于确保强势管理。杰出的领导者的目标在于创造条件，使员工和企业共同成长、发展和获得成功，从而使企业获得长远的生命。

忠告 5

企业领导者要七分做人，三分管人

领导者不应只依赖各项规章制度

俗话说：“不依规矩，不成方圆。”这是社会的需要，无论什么行业，都需要制度来约束维持。大到一个国家，小到一个企业、一个家庭，都有大大小小的规矩。“国有国法，家有家规”就是这个道理。但是需要强调的是，规章制度并不是一成不变的，它需要跟随时间而不断调整。就一个国家来说，法律是随着社会经济文化的发展而不断更新变革的。这个道理对企业也是适用的。好的制度能够使企业快速发展，员工积极工作，不好的制度会降低员工的工作积极性，减少企业的效益。所以为了使员工不断上进，保持热情的工作态度，就需要不断修改企业的制度，以适应社会，适应员工。

企业经营者必须要修好心理这一课。作为经营者，需要有清醒的头脑：在企业红火时，不能随心所欲地给员工发放奖金；当企业效益不佳时，也不能太吝啬，要学会体谅到员工的生活需要，不要在员工奖金上打太多主意。企业经营者在经营状况良好时大派利市，恶化时就一毛不拔的做法对员工来说是没有任何好处的。员工都是有感情的，只要能好好地揣测员工的心理，制定出良好的政策规定，就能获得员工的拥护，提高员工的热情和工作积极性，这对企业的发展是至关重要的。因此说，伟大的企业家也是伟大的心理学家。

稻盛和夫作为一个著名的企业家，也被人称为心理学家，他的企业的发展离不开他对制度的不断调整和改革。他在晚年经常参加企业会谈，为年轻的企业家提出宝贵的企业经验。从以下的会谈中我们就可以认识到领导者需要不断地改革创新，而不能只依赖各项规章制度。

有一家创立了 40 年的公司，是最初以生产聚乙烯薄膜为主的合成树脂企业。经过几十年的发展，该公司已成长为一个由五家不同公司构成的集团。其总裁在上任之后，对公司人事管理进行了调查，并对科长级别以上管理人员的绩效考核方式进行了改革更新，为这类管理人员制定了与其所掌握预算相匹配的具体业绩指标，把员工的奖金与业绩捆绑在一起，依照公司的盈亏状况，按一定比例决定公司将要发放的年度奖金总额。并且对于管理人员，在一定范围内拉开各自的奖金和工资增长的差距。虽然总裁一直都在努力实现员工之间人事考核的差异化，但是现状却总是无法得到让人满意的结果，必须不断地进行调整。在公司内部，既有像营销这样容易适用数值管理的部门，也存在与此相反的部门，此外还有不少部门由于所处地区不同，在对这些部门进行考核时，总裁不知道应该采取怎样的标准才好。

稻盛和夫听了这家公司的成长过程后，提出自己的多年的经验。稻盛和夫说：

“对于即使创建已 40 年的公司来说，没有什么简单易行的规则来帮助你对手下员工做出正确的评价。在这种时候，为了获得客观的考核方法，不少企业都采用了成果主义的考核模式。所谓成果主义就是指企业对提高业绩的员工增加薪酬，反之对于那些无法提高业绩的员工则几乎不支付什么薪酬。

“尽管对那些能够顺利完成所定目标，取得一定成绩的员工的确应该予以奖励，然而与此同时，企业如不能对那些虽然没有实现预定目标，但是为实现这个目标而付出辛劳的员工给予应有认可，那么终究无法全面提高企业员工的工作积极性。因此在对员工进行评价考核时，并非依靠几个数字就能解决问题。

“企业的经营者在制定了相关的规章制度后就撒手不管的做法当然轻松，然而更重要的是，经营者还必须扎扎实实地倾注心血，亲自去督导手下的员工。以我本人为例，我会出席下属各个部门的会议，在会议上认真倾听员工们的意见，观察他们列举数字进行说明的样子。然后又会在工作之外，在公司举办的联谊聚餐会上再次倾听观察同一个员工的言行，然后就足以最终认清这个人究竟是个‘工作好手’，还是个‘虽然在开会时能说些豪言壮语，但是做人却不行，是个靠不住的家伙’。与此同时，我也要求自己的干部利用这种方式来对手下做出评价。

“我认为在进行人事考核时，关键的一点不在于制定好规章制度，然后依照这个规章制度进行评价，而完全在于经营管理者在共同日常工作当中，对自己手下的员工到底能够关注到什么样的程度，并做出合理评判。”

从稻盛和夫的经验可以看到，企业领导者需要在企业的效益发展中不断地改变原有经营策略和规章制度，这样才能减少员工的不满，增强企业的活力，员工的积极性提高了，那么就会有更多创新的想法，这样就会为企业的发展增加新鲜的意见，以利于企业不断进步，取得更大的效益。

综观当代企业，只有不断创新，才能在竞争中处于主动，立于不败之地。许多企业之所以失败，就是因为他们做不到这一点，只是一味地追逐规章制度，受制度的束缚，缺少灵活运用的能力。所以领导需要摆脱规章制度框架，随着企业的不断发展而进行组织变革和创新，通过员工态度、价值观和信息交流，使他们认识和实现组织的变革与创新。

在企业中没有一个一成不变、普遍适用的最优管理理论和方法。企业中人的行为是组织与个人相互作用的结果。通过企业的组织变革和创新，改变人的行为风格、价值观念、熟练程度，同时能改变管理人员的认识方式。可见，领导者不应只依赖各项规章制度，只有这样，企业的经营才能蒸蒸日上，取得最优的效益。

领导者应该随时保持一颗谦卑的心

稻盛和夫曾说：“任何人所拥有的一切，与浩瀚无际的宇宙相比，都只是沧海一粟，微不足道。”

不管你有没有做好准备，今天所拥有的一切，某一天都不会再属于我们，不管我们拥有什么、拥有多少、拥有多久，其实拥有的不过是那一瞬间。在激烈的市场竞争中，更是如此，你可能今天还是个百万富翁，明天就成了街头乞丐。因此，无论何时何地，我们都应保持一颗谦卑的心。

在提到领导者应该具备怎样的条件时，稻盛和夫说，一个领导者应该具备这三种心态，即乐观的心、好胜心及谦卑的心。领导者之所以要随时保持一颗谦卑的心，权力与权威会使人道德沦丧、骄矜自大，或以高傲姿态面对众人。

在这样的领导下，团队或许能获得短暂的成功，但不能持续地成长。

最后，团队里的人都不想再合作下去了。而且，现在不幸的是，整个社会已经变得越来越以自我为中心，而且我们的判断标准也反映出这种趋势。

如果大家都失去谦卑的态度，一定会产生无谓的、破坏性的冲突。领导者就必须谦卑地承认自己有今天的地位，都是依靠广大追随者的努力。唯有谦卑的领导者，才能创造出一个合作的团队，并引导其走向和谐、长远的成功。

曾经有一个成功的企业家在讲到成功的领导经验时，他讲了一个故事：

乌龟看见老鹰飞翔在高空中，俯视万物，非常羡慕。他也想飞到高空中俯视万物，怎么办？它想了想，然后叨来一支竹竿，对老鹰说："老鹰哥哥，请你叨竹竿的那一头，我叨这一头，把我带上天去游历一下吧。"老鹰答应了。于是乌龟也飞腾在高空中了。世人看见乌龟上天，大大喝彩。大家都忍不住赞叹："这个法子，是谁想出来的？真聪明！"乌龟一听，骄傲起来，忍耐不住，于是开口答道："我呀。"哪知这样一喊，竹竿就从口中脱出，乌龟立即摔在了地上，成为肉酱。

很多人一旦到高处，就容易忘了自己是谁，忘了自己是如何上来的，会有骄傲，会自我膨胀，这种高兴、自豪的心情是可以理解的。一不小心，在众人面前露出嚣张的气焰，虽然他们大多也会忍受，会压抑自己的不满，但是终究无法忘记这种不满。而这种不满又会在工作和生活中无意识地表现出来，他们可能会有意无意地抵制你，让你碰钉子。

所以，领导者要时刻保持谦卑心态，不管是在什么时候，不管是在什么工作中，不管是对什么人，领导者都要保持谦卑的心。飞到高处，就更要记得是什么让你飞到了这个高度，飞得越高，头越要低。无须炫耀你的高度，因为你的高度世人都看在眼里。因此有了荣耀时，要更加谦卑，要去感谢他人、与人分享。

帕尔梅首相在瑞典是十分受人尊敬的领导人。他虽贵为政府首相，但仍住在平民公寓里。他生活十分简朴、平易近人，与平民百姓毫无二致。帕尔梅的信条是："我是人民的一员。"除了正式出访或特别重要的国务活动外，帕尔梅去国内外参加会议、访问、视察和私人活动，一向很少带随行人员和保卫人员。只有在参加重要国务活动时，他才乘坐防弹汽车,并有两名警察保护。有一次他去美国参加一个国际会议，人们发现他竟独自一人乘出租车去机场。帕尔梅从家到首相府，每天都坚持步行，在这一刻钟左右的时间里，他不时同路上的行人打招呼，有时甚至与同路人闲聊几句。帕尔梅同他周围的人相处得都很好。在工作之余，他还经常帮助别人，毫无高贵者的派头。帕尔梅一家经常到法罗岛去度假，和那里的居民建立了密切的联系，那里的人都将他当作朋友。他常常独自骑车闲逛，铡草打水，劈柴生火，帮助房东干些杂活，彼此之间亲如家人。帕尔梅喜欢独自"微服私访"，去学校、商店、厂矿等地，找学生、店员、工人谈话，了解情况、听取意见。他从没有首相的架子，谈吐文雅、态度诚恳，也从不搞前呼后拥的威严场面。这些都使他深得瑞典人民的爱戴。

做一名谦卑的人并不会让高贵者变得卑微，相反，做一个谦卑的人更能赢得人们的崇敬。帕尔梅首相就是一个很好的证明。

谦卑做人是一种品质，是以一颗平和的心看待暂时的成功，而一个人能否赢得人们的尊敬很大程度上也取决于他是否谦卑。

谦卑并不意味着领导者缺乏自尊，遇事顺从或怯懦，谦卑并不等于自卑。自卑的人不知道自己的重要性，以为其他事情都比自己重要，即使他有能力，但他也看不见付出力量的价值，于是就不能表达出自己的能力与重要性；谦卑的人不从一件事情外表上来决定它的价值，真正的价值是要看事情的内容是否实在，是否有力量。谦卑的人肯接纳自己的长处，也了解自己的短处。

谦卑的人既能肯定自己的重要性，也能肯定其他人的重要性，所以他会尊重自己，尊重他人；而骄傲自大的人只能肯定自己的重要性，不会肯定其他事物的重要性。谦卑使领导者能够理解一个浅显的真理：谁都不是全知的，也没有人完全无知。

一个企业领导时刻保持着谦卑的心态，他的下属便愿意和他交流自己的想法，愿意向他提建议或指出新的方案在实行中他们认为可能出现的错误，并建议及时补救或是改正，使得企业的损失降到最低。这样企业的效率就会提高，企业利润也会随之提高。

谦卑是一种素质，如果企业领导者能够拥有谦卑的心态，他就能虚心听取企业各部门各阶层的意见，这样他就能了解企业各个部门的状况，企业员工的情况，有利于对企业的领导和发展，同时也能提高他自身的素质和修养。稻盛和夫说过，企业领导者具备谦卑的心，就不会骄傲自大，不会欺诈，也不会轻视他的员工。

稻盛和夫认为，如果领导者具备谦卑的心，员工就会对公司有感恩之情，员工也就不会计较个人得失，这样就能形成一种和谐的企业文化，就有利于企业的发展。如果没有谦卑的态度，人们将很难尊重、聆听那些能力远在自己之下的人。

聆听所有与我们相遇的人，而不论他们的智力水平如何。保持一颗谦卑的心，是在给自己的人格魅力增加砝码，是尊重他人，同时也是在提升自己。

经营者也需要利用威权来领导手下员工

管理者需要具备均衡的人格。企业就是一个接着一个的重大决策联结成的锁链。有时候即使立场与其他的主管等相左，但是仍然要坚定决心去执行自己的计划。身为主管有时候必须要严厉地责备属下。在培训部下时，一定要严格清楚的向他们交代任务，并要以身作则的要求自己，运用威权来领导手下的员工。

威权是一种力量，是权力力量和人格力量的聚合，一旦拥有，就将无往而不胜。威权是领导和管理好一个单位的保证。威权获得途径绝对只有一条，这就是通过自己的实践去树立、去建立。实践出真知、出权威。一个成功的领导者要获得真正的权威，必须要有刚柔相济的魄力、要有聪明睿智的魅力、要有众所共仰的威力。

领导者要想让下属服从管理并接受你的管理，就必须要有威信。领导者的威信来自于两方面，一是权利所赋予的；二是以自身能力、品质争取的。威信是一个合格领导者的基础。没有威信的领导者是无法行使权利的。

稻盛和夫认为，会管理人的领导者，个人威信远远超过权利行使。领导者是把威信发挥到极致，影响他人，从而实现目标的一种人。一个成功的经理人说："在现实世界里，众所皆知的一流经理人，每一位都具有罕见的人格特质，他们处处展现出威信的风范。他们不但能激发员工们的工作意愿，又具有高超的沟通能力。"

领导者在树立威信的过程中，要尊重下属，拥有良好的沟通能力，才能赢得获得正确的信息，才能真正赢得威信和尊重。

领导者经常犯这样的错误：在手下还没有来得及讲完自己的事情前，就按照经验大加评论和指挥。这样既容易做出片面的决策，又使员工缺乏被尊重的感觉。时间久了，领导就成了“孤家寡人”，在决策上也就盲目了。

对于一个优秀的领导者来说，个人的威信或影响力，比职位高低和提供优越的薪资、福利重要许多。它才是真正促使员工发挥最大潜力，实现任何计划、目标的魔杖。领导者需要更多的是令人慑服的威信，而并非仅仅是权力。拥有威信与否，正是一个领导者能否成功的关键。

另外，领导者在员工之间树立威信，其自身的魅力是格外重要的。试想，一个毫无魅力的领导又怎能博得下属的忠诚呢？领导者要想拥有魅力，就必须从自我修炼开始。认真做每件事，在工作中不断提高自己的能力。挑战自己过去难以做到的事、有困难的事，要时刻要求自己、提高自己。

有这样一则小故事，就说明了领导者要想树立威信，就必须以身作则，正人先正己。

李离是晋国的一名狱官，由于听从了下属的一面之词，在审理一件案子时，他误判了一个人死刑。多年后，由于真正的凶犯投案，真相才最终大白。

这件事让李离很是羞恼，他来到晋宫，对晋文公说，自己准备以死赎罪，晋文公说：“这件案子主要错在下面的办事人员，又不是你的罪过。”晋文公很显然想赦免他。但是李离说：“我平常没有跟下面的人说我们一起来当这个官，拿的俸禄也没有与下面的人一起分享。现在犯了错误，如果将责任推到下面的办事人员身上，我又怎么做得出来。”最终，李离拒绝听从晋文公的劝说，伏剑而死。

稻盛和夫认为，正人应先正已，做事先做人。管理者要想管好下属必须以身作则。示范的力量是惊人的。主管的一举一动，员工都看在眼里，身为主管一定要树立一个好的典范，下面的人才有遵循之道。同时经营者要有勇气来领导，真正的力量与财富，名声和体能无关，而是有勇气做正义的事情。

部下对领导的弱点相当敏感，如果领导者不公正，就无法让大家产生信任。一旦通过表率树立起在员工中的威望，将会上下同心，大大提高团队的整体战斗力。得人心者得天下，做下属敬佩的领导将使管理事半功倍。

自我牺牲是领导者必须愿意付出的代价

稻盛和夫说：“衡量一个领导人是否称职，关键在于看他是否每天都可以在强大的责任感之下，抱着自我牺牲的精神进行工作。”领导者必须具有抛却私心，竭尽全力，即使牺牲个人利益也在所不惜的勇气。

美国哈佛大学管理专家皮鲁克斯有一句名言：“管理才能是最好的影响力。”要是一个领导者具备了勇于自我牺牲的精神，那么他的下属员工就会敬重他，学习他，追随他，转而模仿他，这样他就能鼓舞周围的人协助他朝着他的理想、目标和成就迈进。

克莱斯勒汽车公司的总裁艾柯卡，在 20 世纪 80 年代中期的一项调查中，被人们称为“近年来成功领导企业的最佳典范”。艾柯卡管理克莱斯勒汽车公司的成功经验，使他成为全世界企业界的风云人物。

艾柯卡之所以能取得辉煌的成就，与他的自我牺牲精神是分不开的。艾柯卡在公司出现问题时，他经常主动承担责任。

当然，这样做会为自己招来许多不必要的麻烦，但是他却一直坚持。

比如，公司要修建工作间，他不会优先考虑自己，只想便于自己工作使用。而是先想到这样的工作间必须是便于大多数人工作的环境。

领导者只有做出自我牺牲，优先自己的部下，创造令他们感到便利的工作环境，才能够充分调动部下的工作积极性，使他们奋起，并能得到部下的尊敬和信赖。这样，在他手下就形成了一个高度团结的工作队伍，他们不拘泥于既有的规范，敢于创新，敢于行动，因为他们有一个能主动承担责任的领导者。

他的部下和他一样怀着同样的热情工作，企业理想的实现不仅寄托在他身上，他的下属也同样承担了很重要的责任，这样部下的精力提高到“不只是为了自己，还是为了工作”的程度，这样企业就会得到发展。这也是艾柯卡取得了让许多人羡慕成绩的重要因素。

稻盛和夫指出，领导应走在员工前面，并且一直走在前面。他们用自己提出的标准来衡量自己，并且也乐意别人用这些标准来衡量他们。优秀的领导就是能不断成长、发展和学习的人。他们愿意付出当领导的代价。为了能不断提高自己的水平，拓宽自己的视野，增加自己的技巧，发挥自己的潜能，他会做出种种必要的牺牲。他们通过自己的努力变成受别人敬仰的人。

如果领导者公道正派、光明磊落、勇于负责、甘于奉献、团结同志、宽容和谐、吃苦在先、享受在后，就一定能够使所在的组织成为一个具有较高亲和力、凝聚力和战斗力的集体；就一定能够形成团结一致，众志成城、所向披靡、无坚不摧的企业团队。

如果一个人具备了上述提及的优秀品格，那么显然，他也具备了成为一个领导者的基本素质。其实，成就的取得，并不仅仅依靠外在的改变，更在于对自我提升的强烈愿望。

无论是勤劳、俭朴、奋斗、任劳任怨还是卓越的进取意识，都是值得花费一辈子去努力精进的品德。只有拥有了这些品德，你才有可能在这个崇尚竞争和拼搏奋斗的社会中使自己的地位得以确立，并得到大家的认可。

稻盛和夫认为，领导者一定要有勇气且正直，树立道德典范，言行一致。拥有耐心和勇气，咬紧牙关，把自己奉献给企业。真正的经理人拥有卓越的才智和力量，并能全心全意地领导企业。

一个真正有能力的领导者，要具备全心奉献的能力，要能在强大的责任感之下，抱着自我牺牲的精神进行工作，因为在竞争严酷的企业环境里，员工、顾客和公司的投资方对你的期望都很大。特别是在艰难之时，员工很需要一位强而有力且果断的经理人来为大家打气。自我牺牲是每一个领导者必须愿意付出的代价。

秉持公正与勇气，否则很难让大家产生信心

如果没有全体员工的积极支持和参与，即使绝顶聪明的人也难以独自驾驭企业取得成功。所以作为企业领导人首先要让员工对自己的企业和工作产生信心，而要使员工产生信心需要领导者秉持公正与勇气。这样才能像交响乐团指挥演奏出美妙和谐的交响乐那样，能组织、协调、指挥众人团结合作，共创企业未来的优秀企业家，才有可能取得成功。要让大家产生信心，首先要培养一种共同实现企业目标的理念，这种共同理念是一种无形的推动企业前进的巨大力量。

在培育和引领这种理念时，秉持公正与勇气是企业家成功的一把钥匙。所谓这种理念，也就是一种企业经营文化。优秀的企业文化，可以不断聚集更多的优秀人才，并且能够使他们在这里同化，快速成长，

充分发挥他的才能；领导者秉持公正与勇气为企业文化建设营造一种良好的内部环境，从而吸引更多优秀的人才。只有一直坚持把“公正与勇气”的企业文化作为企业制定各项制度、决策及用人的标准，视为企业发展的灵魂，使它像血液一样能渗入到企业的每一条血管，甚至是微血管，它就能成为企业翱翔的翅膀。

由于经济破产和从小落下的残疾，人生对格尔来说已索然无味了。在一个晴朗日子，格尔找到了牧师。牧师已疾病缠身，脑出血彻底摧残了他的健康，并遗留下右侧偏瘫和失语等症，医生们断言他再也不能恢复语言了。然而仅在病后几周，他就重新学会了讲话和行走。

牧师耐心听完了格尔的倾诉。“是的，不幸的经历使你心灵充满创伤，你现在生活的主要内容就是叹息，并想从叹息中寻找安慰。”他闪烁的目光始终注视着格尔，“有些人不善于抛开痛苦，他们让痛苦缠绕一生直至幻灭。但有些人能利用悲哀的情感获得生命悲壮的感受，并从而对生活恢复信心。”“让我给你看样东西。”他向窗外指去。那边矗立着一排高大的枫树，在枫树间悬吊着一些陈旧的粗绳索。他说，“60年前，这儿的庄园主种下这些树护卫牧场，他在树间牵拉了许多粗绳索。对于幼树嫩弱的生命，这太残酷了。有些树面对残忍现实，能与命运抗争，而另有一些树消极地诅咒命运，结果就完全不同了。”

牧师指着那棵被绳索损伤已枯萎的老树，“为什么那棵树毁掉了，而这一棵树已成为绳索的主宰而不是牺牲品呢？”眼前这棵粗壮的枫树看不出有什么疤痕，所看到的是绳索穿过树干——几乎像钻了一个洞似的，真是一个奇迹。“关于这些树，我想过许多，”他说，“只有体内强大的生命力才可能战胜像绳索带来的那样的终生创伤，而不是自己毁掉宝贵的生命。”沉思了一会儿后，他说：“对于人，有很多解忧的方法。在痛苦的时候，找个朋友倾诉，找些活干。对待不幸，要有清醒而客观的全面认识，尽量抛掉那些怨恨情感负担。有一点是最重要的，也是最困难的：你应尽一切努力愉悦自己，真正地爱自己，并抓住机会磨炼自己。”

不倒翁并非不倒，只是它在倒了之后能重新站立。人生，不论遭遇哪一种境地，只要你还有勇气向成功挑战，就不算失败。因为所有失败，都可以作为你创造财富的宝贵经验，成为你成功的阶梯。企业经营其实也是如此。秉持公正，也是一种勇气的体现。

稻盛和夫的企业成功经验之一就是，他一直秉持：不论你有什么关系，不论你在什么岗位，不论你曾经作过多大贡献，如果一旦发现你犯了无法挽回的错误，而且是带有人格污点的错误，你就得退出公司；而如果你做出了贡献，不管你是处于什么位置，都能得到公司全体员工的祝福和公司的奖励。这就是一个领导者需要秉持的公正和勇气。

稻盛和夫指出，为了保持员工对工作的希望与热情，在面对表现不佳的员工时，公司除了采取协助的行动，给予员工改进的机会外，也要顾全员工的面子，例如，将员工更换到其他职务时，所抱持的态度是，帮助他找寻更能发挥他长处的方法，而不是给予他的惩罚。同时，领导人要有勇气做出不受欢迎的决策与言人所不敢言。很多时候必须做出困难决定，例如解雇员工、削减专案计划的经费等。

有段时间，詹姆斯为了研究企业激发员工最大的动力是什么这一课题时，走访了一些企业，经过一个多月的走访，他发现，关于“薪水应该是最大的动力”这一点，被大多数人所否定。

后来，他在一家企业遇到了一个熟人。熟人告诉他，之所以来到这里，是因为这里更公正。熟人并解释说，他到过很多企业，很多庸庸碌碌的人，却居于高位，对那些有才干的人指手画脚。那些有才干的人，一开始也许是为了生存而姑息迁就，时间一长心中就会愤愤不平：

为什么他什么都不会却比我的薪水拿得多？他的能力不如我，为什么享受和我一样的待遇……

这样不公正的待遇让熟人心灰意懒，于是他跳槽了。在听到这位熟人的一番讲述后，詹姆斯突然明白过来。半年后，他写了《公正是最大的动力》这本书。詹姆斯认为：公正是人类社会发展进步的保证和目标。因为他体现着对人格的尊重，因此坚持公正的管理和处事原则，是每一个人都要履行的责任和义务。

领导人必须同时拥有公正与勇气。当员工在表现差时找借口，就需要领导人处罚或是指责员工，而不是让他们损害原则。每名员工都有相同的机会追求成功，如果有人表现好，领导人就应站起来鼓掌，如果有人表现差，领导人就应如实给予他相应的处理。

如果公司领导人以身作则，秉持公正和勇气，并且鼓励各个部门做到公平，就能够吸引人才上门。秉持公正与公平，就使得企业形成一种像水一样无形，拥有和水一样的无穷力量的企业文化。像水可以滴穿石头，冲破千山万仞一样，这种企业文化可以在各种情况下使得企业战胜各种挑战，面对各种危机，最终使企业发展强大。

忠告 6

管理者要做员工的风向标，增强企业凝聚力

应该具备“为公司整体”的意识

稻盛和夫在谈到成功经验时，曾说："作为领导者应该具备‘为公司整体’的意识，要敢于承担责任。”领导者在某种意义上就是向导，领导者的思想及作为必须给下属一个导向，所以领导者必须懂得以身作则，做下属的榜样。只有做到这点，才能在企业树立一种团结向上的积极的企业经营文化，在这种文化的影响下，企业就没有不兴盛的道理。

稻盛和夫提出的“为公司整体”的意识，是要领导者在企业营造一种顾大局，讲团结的企业文化。企业的发展需要靠团队的合作和共同进步，在企业发展中企业内部的团结问题至关重要，每一个部门，每一个项目组，如果不团结，就不能提升业绩，这样企业的效率也就上不去。团结既是一种资源，又是一个环境。每个人都具备“为公司整体”的意识，用于承担责任，互相关心，工作上互相支持，生活上互相帮助，心理上互相理解，这是企业一笔难以用金钱衡量的无形的资产。

遗憾的是，现在很多企业中一些具有高级地位的人试图摆脱责

任，甚至摆脱必须由自己肩负的责任，这不能不说是企业的悲哀。所以领导人作为企业最重要的力量，要形成一种“大局观”的意识，一个人的责任心有多大，他的视野和思路就有多大，他的事业就有多大。

“洁己奉公，官守之常节”，为整体利益着想的奉献精神历来被视为居官从政应具备的美德。《尚书》中云：“以公灭私，民其允怀。”《逊志斋集》中也说“捐其躯有益于天下，君子之所乐为”，这些说的就是为整体利益，即为官施政要“以公灭私”、“有益于天下”。

大禹治水，三过家门而不入，就体现了为整体利益而忘我的境界，在当今的社会中，这种精神是值得称道的。如果一个人仅仅考虑个人利益，那么他不会做好普通的工作，也不会有幸福的人生。如果一个人能肩负一个家庭的责任，虽然他未必有什么“光耀”的前程，但是他很可能拥有一个幸福的家庭。

作为一个企业的领导者，不能仅仅想着自己的私利，也不能仅仅为了家庭，还不能仅仅考虑本部门的利益。如果企业领导者都只顾及本部门的利益，那么就会形成企业内部各部门之间的纠纷、扯皮现象，这是企业发展中最忌讳的。一旦企业内部形成这种氛围，将很不利于团队或是项目小组的合作，那么企业的发展就无从谈起。

就像稻盛和夫所说的，企业应该形成一种人人“为企业整体”的意识，形成一种人人为企业目标和企业发展而奋斗的氛围。只有一个企业领导者考虑到全体员工，整个公司，乃至社会，勇于承担责任，才能在企业中树立一种敢于担当的领导者形象，才能在企业内部形成一种是激励人们奋发向上、公而忘私的内在力量，有利于形成互相理解，互相关爱的企业文化氛围，进而有利于企业的快速发展。

明确事业的目的和意义，并向部下明示

稻盛和夫在被问到创立企业最重要的是什么的时候，他答道:“首先的大原则就是，明确事业的目的和意义，也就是树立光明正大、符合大义名分、崇高的事业目的。”为什么要创办企业？企业存在的理由到底在哪里？有人为了赚钱，有人为了养家，这些并不错，但要让全体员工与自己风雨同舟、共同奋斗，缺乏“大义名分”是行不通的。

正如稻盛和夫指出的，“原来我的工作有如此崇高的意义”这样的“大义名分”，如果一点儿都没有，人很难从内心深处产生必须持续努力工作的欲望。企业经营的根本意义和真正目的既不是“圆技术者之梦”，更不是“肥经营者一己之私腹”。

稻盛和夫指出，经营者必须为员工物、心两面的幸福殚精竭虑，倾尽全力；必须超脱私心，让企业拥有大义名分。这种光明正大的事业目的，最能激发员工内心的共鸣，获取他们对企业长时间、全方位的协助。同时大义名分又给了经营者足够的底气，可以堂堂正正，不受任何牵制，全身心投入经营。

如果一个企业仅以获取利润作为自己的目标，那么结局就是老板要员工创造最大的价值，而员工却希望得到最大的回报。因此，从这个意义上说，告诉员工为什么工作比教育他们怎样工作更重要。看完下面这个例子之后，你就能更具体的了解到明确事业的目的与意义。

一位从事机械制造的企业家最近总是闷闷不乐，朋友问他发生了什么事情，他说公司管理混乱，让他很是头疼。这位朋友特意去了这家企业，在里面转了一圈后，对这位企业家说："你应该没有去过菜市场吧？"企业家点点头。朋友接着说："一般来说，菜市场总是存在着这样两个现象，一个是卖菜人习惯于缺斤少两，买菜人习惯于讨价还价。你企业的问题也正是出在这两个现象上面。一方面是你在工资单上跟职工动脑筋，另一方面是雇员的工作效率和工作质量缺斤少两。也就是说，你和你的员工一直都是同床异梦，这就是公司管理不善的症结所在。"

建立业务目标是建设企业文化的主要工作任务。一个宏伟而又能为企业员工认可的企业目标，能让员工看到自己工作的巨大社会意义和光明前途，从而激发强烈的事业心和与企业永远保持在一条战线上努力工作。

明确事业的目的与意义，非常关键。因为它是员工行动的方向标，员工行为的动力乃至企业目标的实现是员工个人价值和利益实现的必要因素。首先要确保员工人身安全、员工工资收入和员工自我价值的实现，才能确保企业的可持续发展。这就需要管理者把企业的目标和员工利益息息相关的关系进一步明确化，对员工进行宣传阐明，激发员工工作的动力，培育员工自动自发的敬业精神。

人行为的动力，来自于谋求有益于自己的东西，就像很多单位的员工，上班时劲头不大，下班时急急匆匆，从人行为的动机分析，那是因为他有渴望回家完成自己认为该做的事的愿望，所以说，通过宣传教育让员工知道企业目标的内涵及与自身利益的关系，应是调动员工工作积极性的有效办法。这就需要管理者全面地对员工解析目标的内涵。从而使员工在目标动力的驱动下，激发工作的激情。

心中要保持强烈的意愿

稻盛和夫指出，他的经营实践的根基是建立在“愿则成”这个信念之上。他说，领导者必须首先确保自身强烈的意愿，然后再将这种强烈的意愿传递给所有下属成员，这才有助于既定目标的实现。

有一年，一支英国考察团来到了撒哈拉沙漠的某个地区探险考察。在队长的带领下这个考察团全体成员在茫茫的沙漠里负重跋涉，阳光下，漫天飞舞的风沙，就像烧红的铁砂一般，扑打着队员的面孔。在一整天的跋涉和阳光的炙晒下，他们口渴难耐、心急如焚，最后，大家的水都没有了。

这时，考察团队长拿出一只水壶，说：“这里还有一壶水，但穿越沙漠前，谁也不能喝。”于是，一壶水，成了穿越沙漠的信念的源泉，成了求生的寄托。水壶在队员手里传递，那沉甸甸的感觉，使队员们濒临绝望的脸上，又显露出坚定的神色。最终，探险队顽强地走出了沙漠，挣脱了死神之手。大家喜极而泣，用颤抖的手，拧开了那壶支撑他们精神和信念的水——缓缓流出来的，却是满满的一壶沙子……

通过这个故事，我们能更深刻地理解心中要保持强烈的意愿的意思，因为当你心中保持强烈的意愿时，就会充满信念，更加坚强。因此，意愿是人生中不息进取的强大支柱。心中要保持强烈的意愿，就是要领导者拥有强烈的企图心，怀着坚定的信念，然后再将这种信念传递给自己的下属。人的本性都是懒惰的，每个人都想让自己停留在舒适区。让自己保持最舒服、最喜欢的感觉，这样就会消磨斗志。所以，要成为成功的管理者，合格的领导，就不能只停留在舒适、平坦的道路上。

曾经有位成功的企业家在谈成功经验时说过，“我们干事业，标准有多高，起点就有多高；追求有多高，动力就有多大。”他在很艰难的情况下，依然坚定创业的信念。他说企业每前进一步都要克服很多困难，标准决定了企业的发展，领导者要永远思考企业应向什么目标和定位发展的问题。当企业发展到一定阶段，领导者必须敢于提出新的目标，否则必然制约企业发展。在思想上要做到心中保持强烈的意愿，相信自己的企业能做到这一步，然后在实践中一点一点扎实积累，一步步向前，企业定能实现刚开始的目标。

曾经有心理学家做过这样一个实验：把一只小白鼠放到一个装满水的水池中心。这个水池面积较大，但凭小白鼠的能力是可以游到岸边的。小白鼠落水后，并没有马上游动，而是转着圈子，发出“吱吱”的叫声。小白鼠是在测定方位，它的鼠须就是一个精确的方位探测器。它的叫声传到水池边沿，声波又反射回去，被鼠须探测到。小白鼠借此判定水池的大小、自己所在的位置，以及离水池边沿的距离有多远。它尖叫着转了几圈以后，不慌不忙地朝选定的方向游去，很快就游到了岸边。

进行到这一步骤，实验尚未结束，心理学家又将另一只小白鼠放到水池中心，不同的是，这只小白鼠的鼠须已经被剪掉。小白鼠同样在水中转着圈子，也发出“吱吱”的叫声，由于“作为探测器”的鼠须不复存在了，它探测不到反射回来的声波无法判断自己能否游出去，只能原地转圈。几分钟后，筋疲力尽的小白鼠沉至水底，淹死了。关于第二只小白鼠的死亡，心理学家这样解释：鼠须被剪，小白鼠无法准确测定方位，看不到其实很近的水池边沿，以为自己无论如何是游不出去的，因此，停止了一切努力，自行结束了生命。

心理学家最后得出结论：在生命彻底无望时，动物往往强行结束自己的生命，这叫“意念自杀”。被剪掉鼠须的小白鼠丧生于水池，但不是被水淹死的，而是被那“无论如何是游不出去的”意念淹死的。

不可否认，这样的悲剧不仅会发生在小白鼠和其他动物的身上，也会不同程度地发生在人身上。

人生路上，每个人都可能遇到小白鼠遭遇到的“水池”，这就是所谓的逆境、困境，或者说厄运。有些人在这个时候，就像被剪掉鼠须的小白鼠一样，无限夸大自己所遭遇的逆境，以为横亘在面前的是厄运的海洋，“无论如何是游不出去的”。这些人放弃了最后一搏的信念，松开了不该亦不能松开的手，任满腔的理想、抱负、雄心壮志，全部淹死在很浅很窄，根本就不足以伤害到自己的“水池”里。另外一些人则可以理智地判明形势，凭自己的努力走出逆境。因此，可以这么说，这个世界上，没有绝望的处境，只有对处境绝望的人。

成功的正道是坎途，真正有智慧的领导者，会让自己一直处于艰难、危机的状况中，卧薪尝胆，保持心中的意愿和强烈的意志。对自己严格要求，让自己知难而上，热爱挑战。面对日新月异的国际国内环境、经济形势、面对突发事件紧急情况，领导干部的工作环境、工作对象、领导活动范围和任务都会发生深刻地变化，面临着一系列的矛盾，这一切对领导干部的能力都是考验。

领导者只有心中保持强烈的意愿，推陈出新，不断用新的思路、新的方法、新的艺术去指导和领导你的下级，让这种意愿成为整个企业的文化，成为企业的灵魂，形成企业的一种精神境界和价值观，贯穿在全体员工日常生活和工作之中，展示企业的宗旨、理念、精神、品牌。然后成为员工共同的价值观念和行为规范，让每一位员工都明白这样做是对企业是有利的，而且都是自觉地，这样做久而久之就形成了一种习惯，习惯成自然，就成了众人头脑里一种牢固的观念，成了众人的行为规范。

不断激励下属士气

毫无疑问，任何一个企业都希望拥有充满激情的员工，问题是员工的激情来自哪里？有人认为员工的激情是与生俱来的，所以关键在于选拔富有激情的员工；有人认为员工的激情是后天培养的，是通过满足员工的事业追求而获得。

就工作激情本身而言，应该既非先天秉承之德，亦非后天培养之功，而是由特定因素激发而来。企业管理千头万绪，其中最困难的是用人。认可下属的努力，不但可以提高工作效率和士气，同时可以有效地建立其信心，提高员工的忠诚度，激励他们接受更大的挑战。

有些员工总是抱怨说，领导只有在员工出错的时候，才会注意到他们的存在。管理者有责任对下属的工作给予正面的回馈，以加强他们的自信。为了充分调动员工的积极性，必须使他们相信，他们的努力会使工作富有成效。领导必须要掌握鼓动下属士气的技巧，只有将公司的员工的工作热情都激发起来，企业才能以最低的成本创造最高的价值，企业就能不断收益，就能不断发展。

稻盛和夫认为，使员工明白企业的经营目的，并且让员工分享公司的经营成果，是激励员工的有效措施。稻盛和夫在经营京瓷时，就以大家庭的利益使大家明白自己在干什么，干完这个后能得到什么。他让员工持一部分公司的股票，使大家感受到大家庭的氛围。通过这样的策略，稻盛和夫得到了员工的信任和支持，激发出了员工的工作热情。

稻盛和夫认为，要想使员工具备某种特质，领导者首先得自己拥有这方面的良好品质。所以在激励员工时，领导者首先要学会控制自己的情感。因为，领导者的态度和情绪会直接影响与其一起工作的员工。如果领导者情绪低落,那么他的员工也将受到影响而变得缺乏动力；相反如果领导者满腔热情，那么他的员工必然也会充满活力。

激励员工，激发员工的工作热情，领导者首先应该明白自己员工的心理，并且学会赞美，提拔下属。多数员工都希望在工作中有晋升的机会，没有前途的工作会使员工产生不满，最终可能导致辞职。如果企业不能为员工提供足够的升迁机会，多半是因为企业整体或某些部门停滞不前之故。这时企业领导者就必须下定决心采取行动，腾出位子，为提拔优秀员工创造条件。

信任和鼓励的力量有时候远远超过金钱，因为它让员工感到自己获得了尊重，能力得到了认可和赏识。现代管理学认为，企业的发展不光是来自经济的财富，而且还来自人的力量。每个企业的管理任务则在于诱导和强化这种力量。现代工作指导方法是，使全体员工站在企业管理者的角度，充分发表自己的意见和看法，领导者则审查这些意见和看法的可行性。这种群体中爆发出来的活力，也就造成了企业的聚合力。

20 世纪 90 年代中期，全球航空业处于动荡之中，只有屈指可数的几家航空公司能够始终保持着无懈可击的财务记录，德尔塔航空公司就是其中之一。这家公司在管理工作中不仅创造条件让员工发表意见，而且为了验证员工的意见花费了大量的时间和资金，最后竟会导致一系列政策的重大变化。机械师伯理特的薪金少了 38 美元，公司没有付给他某一天修理发动机的加班费，他的上司对此无能为力。这个 41 岁的机械师写信给总经理力・加勒特抱怨说 ：“我们总碰到令人头痛的报酬问题，这已经使一大批的优秀人才对公司感到失望了。”3天以后，最高管理部门向伯理特先生道歉，并补发了工资。德尔塔公司并就此举一反三，改变了工资政策，对加班的机械师提高了加班费。

员工谋求公司的承认和同事的认可，希望自己出色的工作被企业“大家庭”所接受。如果得不到这些，他们的士气就会低落，工作效率就会降低。他们不仅需要自己归属于员工群体，而且还需要归属于公司整体，是公司整体的一部分。

每个员工都有实现个人价值的强烈愿望，经理人善于欣赏和认可员工，正是对他们的最好激励。所有的员工都希望得到公司的赏识，甚至需要与他们的上司一起研究工作，直接从领导那里了解企业生产经营情况。稻盛和夫认为，这种做法有助于拉近管理者与员工之间的距离，使员工感到自己是公司的主人，从而积极主动地寻找任务，而不是被动地等待。

当企业所做的一切出发点都是为了职工的时候，职工势必也能够感受到企业的真诚，科学管理能让一切规范化，条理化，却不能让一个有情感的人焕发出活力与热情。只有认可、尊重等“人性化”管理才能让人感受到尊重与温暖，激发员工的工作热情，才能创造出硬邦邦的“条例”所不能创造出的巨大财富。

对待下属要有关爱之心

在终生雇佣成为历史的今天，员工对企业的忠诚度和依赖度大幅度降低。如何在新的环境下吸引人才、留住人才？稻盛和夫的经营管理经验可以帮助我们解决这个问题。他的经验是：领导者对待下属要有关爱之心，只有真诚地关心和爱护下属，真心为下属解决工作和生活上的困难，用心培养、教育和塑造下属，使他们获得发展的能力、素质，为他们的成长发展创造良好的外部环境，提供施展才华的舞台，才能获得下属的充分信任和忠诚。

对待员工要有博爱包容的胸怀和心态。我们的先人也有同样的思想，在《孙子兵法》中有“视卒如爱子”，用到今天企业的管理上，就是对待下属员工要像对待自己的孩子一样，以爱心、真心、热心和宽心感动他人，为员工谋利益，给人安全感、归宿感以获取良好的人缘关系。

京瓷因为关注和帮助员工成长，让员工与企业和团队一起成长，使得京瓷发展成为世界范围内的强大企业。一般来说，员工更愿意为那些能给他们以指导的公司效力。因此，管理者应定期与下属讨论绩效改进和个人能力提升计划，真诚地指导下属存在的问题以及努力的方向，使下属不断进步。还有让员工在工作中获得知识的累积，比单纯获得金钱更有吸引力。因为员工总是想让钱变得更多，而只有知识才能带来更多的钱，当员工感到自己在工作中提高了水平，有赚更多钱的信心和能力时，他们对企业的感激才会是发自内心的。只有这样，才能激励员工为企业发展努力，并提高员工忠诚度。

曾有一位成功的企业管理者说过，爱心是企业激发员工创造力的成本最低的最有效途径。所以，现今很多企业领导人都开始关心下属，让员工和下属感动，以一颗真诚的心对待员工。这样就使得这些员工自然把企业当成自己的家，信任并且为企业努力创造价值。

对待员工要有关爱之心，因为拥有关爱之心的人，能得到他人的爱戴。领导者要真诚地关心、爱护、激励、鼓舞员工，表现出亲切、自然的态度，使得员工与你交往时不必费神就能与你愉快相处，你才能得到他们的支持和信任。

如果每个领导人能够和蔼地对待员工，以一颗宽容慈爱之心对待他们，关心员工的职业发展，在生活上提供帮助，解决他们的疑难问题。就会唤起大家的工作热情，创造激情，营造出相互友爱的良好环境。

忠告 7

会聚人、会用人、会留人的企业才能永立于不败之地

“量体裁衣”：内力不济时需靠外援

企业经营需要各种各样的人才，怎样获取这样的人才，怎样任用这样的人才，这是在企业经营中一直困扰领导者的问题。稻盛和夫曾经说过，企业经营要充分运用各种人才的优势和所能用到的各地方的人才。这就需要企业“量体裁衣”，并在内力不济时依靠外援。

在企业经营中所谓“量体裁衣”是指领导者在企业任用人才方面，要“人尽其用”，要善于挑选和任用各种人才。在稻盛和夫看来，企业用人必须要打破一个误区，即不要过于短视，而要有长远的战略眼光。“十年树木，百年树人”，因此，不要指望人员招进来，马上就能够按照企业的要求去工作，就能很快产生效益。毕竟，不论是哪类人才，到了企业之后，都要经过企业的“雕琢”和“洗礼”，让他变为企业的有用人才，这样才能更好地人尽其用。

很多企业之所以留不住人才，往往跟企业没有“量体裁衣”有很大的关系。很多企业在选人、用人时，都存在“贪大求全”、追求虚荣的误区，总是把学历、经历、年龄、性别甚至容貌等列为首选或者必选。

很多企业，往往不顾企业自身实际，到人才市场招聘，动辄就是“国家重点院校毕业，研究生学历，工作X年以上……”等到企业把符合条件的所谓“人才”招聘到企业之后，才发现，高学历的，不见得有高水平，不一定能力强，而自己为了招聘这些人才而却付出了很高的代价，于是，很多人才就成了企业的“花瓶”，并且，由于种种因素，这些“花瓶”会慢慢减少，以至企业很受伤——花了钱，而却没有起到应有的作用。

稻盛和夫指出，企业要想更好地留住人才，不妨要对人才进行规划分类，看他属于什么样的种类，他究竟是一棵什么样的“树木”，再根据他的“年轮”、“树型”、“树质”等，给予不同的培养和任用方式，给他一片“沃土”，但不可拔苗助长，只有摒弃短视的心理，企业才能让人才更好地发挥潜力，大刀阔斧地开展工作，真正地与企业融为一体，为企业的发展做出贡献。

有一家规模和实力都不大的工程材料公司，厂房都是租赁的，但企业近年来，却发展得飞快，原因就是因为这家善于给人才“量体裁衣”，这家企业的选人和培养人等方面都是根据自己企业内部发展所需来确定的。他们不是通过人才市场这个招聘渠道，而是通过劳务市场，这是两个不同层次的人才市场，但通过后者，这家企业招到了自己的人才：虽是下岗工人，女性居多，缺乏营销经验，但这却是一支“威猛之师”，由于他们珍惜工作机会，在市场上格外卖力，他们能够根据自己的不足，“恶补”自己需要的“知识营养”，加上这家企业培训做得好，定期邀请营销讲师及企业顾问对员工进行提升培训，因此，企业成长非常快速，目前已经在外省建了分厂。

所以企业要想发展壮大，就得学会“量体裁衣”，要学会“量体裁衣”，企业首先得了解人是有多种需求的，企业为职工创造适当的非物质的精神文化条件，使人才在自己的工作岗位上感受到优越的企业文化和精神，并感到骄傲和知足，从而激发人才的工作积极性和创造性，在企业中形成一种“人才效应”，从而感染外界，增强企业对人才的吸引力，这样可以在内里不济时，靠外援。同时，结合企业内部的实际情况，依照企业的目标策略，给人才设置挑战性的工作或职位，使其能够在工作中得到发展，不但刺激了人才自我满足、自我实现的需求，也使得人才在实际工作中得到锻炼和成长，以促进企业的可持续发展。

企业需要一个科学、健康的人才选拔机制，把那些具有真正管理能力和高度责任心的优秀人才选用到领导岗位和关键岗位上来，做到“量体裁衣”。只有真正做到量体裁衣，人尽其用，企业在人才任用方面才能人人各司其职，合理利用人才，减少企业人才的浪费和流失，企业才能获得长远的发展。

修筑完美的城墙必须建造坚固的石墙

在提到企业经营中人才的任用，稻盛和夫说：“构筑组织好比修筑城池。修筑完美的城池首先必须建造坚固的石墙。石墙并非仅由优秀之人构成。巨石之间必须填埋小石块（普通人才）。每个险要之处，若没有巨石间的这些小石块，那石墙必然脆弱不堪，一触即溃。”

企业是由所有员工共同创造的，企业的发展是所有员工共同努力放入的结果。因此，领导者要在企业经营管理中要重视每一位员工，公平对待每一位员工，最重要的是信任每一位员工。现在一些企业，无论是所有者、经营者都对员工存在工作上的不信任，对员工的态度依据员工能力的强弱，不够重视员工，员工经常受到不公平待遇的情况，在这种企业中员工不能自发的为企业工作，而只是把企业当作一个驿站。因而企业要建立一种和谐的文化氛围，而不能只靠制度来约束员工的行为，要重视、信任和公平对待每一位员工，让员工能够充分发挥聪明才智。

要修筑企业这堵完美的城墙，就需要建造坚固的石墙。稻盛和夫认为，这个石墙可以是企业的硬件设施，也可以是企业的软实力。企业在制度、技术和设施等方面要不断创新的同时，要注重和谐的企业文化建设。和谐的文化建设就要求企业领导、主管充分信任、重视你的每一位下属，你的每一位员工，对他们委以重任，给予他们充分的权力，放手让他们去完成工作任务，在这样的环境下，每一个员工的工作热情和积极性都被激发，每一位员工都会努力地工作，努力地奋斗，为企业、为自己去拼搏。成功的企业文化建设能使该企业员工的个体价值观与企业的群体价值观达成统一。

通过企业的不断教化，提高员工的素质，达到人人认可，共同向往并共享这种价值观。只有搞好企业文化建设，员工个体的理念和价值观与企业群体的理念和价值观统一在一起，企业群体的价值观才有可能体现出来。企业才能方向一致，目标统一，群情激扬，众志成城，这样领导者还用愁企业效益吗?

曾经有一家企业，虽然企业的硬件设施不是很完善，但企业的发展很迅速，在短短的几年时间里，由一家只有一个厂房的企业发展成为拥有多家连锁公司的企业。之所以能有这样的成就，是与该企业领导者尊重、信任和公平对待每一位员工分不开的。这位经营者做到了稻盛和夫所倡导的理念。

就是因为他给予员工充分发挥才能的空间，让他们参与管理，让员工参与工作研究、制定目标和标准，他的员工因此工作努力，主动发挥出最大潜能，将工作做得出色、完美。这位领导人还为员工提供个人晋升或成长的机会，当员工的工作完成得很出色时，他恰如其分地给予真诚的表扬与激励，让员工感动、欣慰、兴奋，这样员工积极性更高。他还对全体员工关怀备至，创造了一个和睦、友爱、温馨的工作环境。该企业的员工生活在团结友爱的集体里，相互关心、理解、尊重，产生了满足，愉快的情感。正是这位领导人认识到修筑完美的城墙必须建造坚固的石墙，认识到坚固的石墙要靠各种不同的石块。他开始认识和认同各种不同的“石块”。

他认同了每一位员工的力量，重视每一位员工追求自我发展，他认识到每个人有不同的特质、优点和缺陷，他用人做到了要容人之短，用人所长。因为一般才干越高的人，往往缺点也越显著，有高峰必有深谷。他认为存在某种短处的人并不妨碍他在长处方面创造业绩。当他的员工犯错误的时候，他就给他改过的机会，并积极教育引导他们更正，使他们从阴影中走出来，成为更有能力的人才。他从来不会因为员工的偶尔失误就处罚他们，而是强调积极的方面，鼓励他们继续努力，还帮助他们寻找失败的原因，探讨解决的办法，在有益的尝试中得到升华。如此一来，他的员工队伍总体水平不断提高，他的企业也不断受益，最终发展壮大。

修筑完美的城墙必须建造坚固的石墙，坚固的石墙也需要很小、很不起眼的石块，因此修筑企业这堵完美的石墙，就要企业领导者不是要找“十全十美”的员工，而要懂得如何用人所长，把既有所长又存在某种不足的员工，组合成一个有效的整体。

在稻盛和夫看来，只有容人之短，才能用人所长，才能使被管理的对象扬长避短，有所作为。支持每一位员工，将自信和力量播种在他们的心田，点燃他们内心的激情之火，对其工作成绩予以认同，员工就能发挥出才能，创造出惊人的效益。

任用人才的关键在于相信人的成长

当今世界，科学技术蓬勃发展，人才在经济社会发展和综合国力竞争中的地位和作用日益突出，人才已经成为国家、企业的第一位战略资源。企业经营想要在激烈的市场竞争中发展壮大，就得善于任用人才，发觉人才，吸引人才。

稻盛和夫认为，人才正因为其有过人之处，通常也有恃才傲物的倾向，而且有时候一点点不如意或者看不过去的状况，都是他们不如归去的原因，他们通常认为一个好的管理者，应该是以德服人，德才兼备之人。除了赚钱之外，还需要照顾大家的权利，而不是对员工呼之即来，挥之则去。

要想吸引人才，挖掘到更多的人才，企业领导者就得以德经营。稻盛和夫的经营哲学中很重要的一点就是，以德用人。稻盛和夫在企业经营中，经常为员工的利益着想，从未因公司或是自己的私利而损害员工的利益，他的经营中重视人才的培养，相信人的成长，才促使京瓷有了今天的成就。

大多数的管理者都会把“以人为本”、“人才是最重要的资产”等口号挂在嘴上，给员工的培训计划和培训机会也只是表面形式的，这种企业经营中凡事都有“以利益为优先”的法则来处理，给员工的所有利益首先都要考虑企业的利益，只有在不损害企业利益的基础上，才给员工一点好处。在这样的企业中领导人总觉得自己的企业没有人才，总是在寻找人才。

在稻盛和夫看来，作为企业经营者，不能只靠找来解决企业中所需的人才问题，也要适当地培养人才，要相信人才的成长。只有诚心诚意培养人才，相信人才的城长，企业才能将合适的人才放在合适的岗位，这样不但能培养人才还能吸引新的人才。

现今很多企业都有这样的状况，刚招聘过来的新员工往往试用期没过，就纷纷辞职了，而空降过来的高层管理人员，往往合同期未过，有的人就开始“脚底抹油——开溜”，自己投入的大量培养费用白白地打了水漂。其实这些人才是因为这些企业用人机制的不规范，或待遇不公，厚此薄彼，或用人唯亲，无用武之地等，自己不得不另寻出路，最终造成双亏的结局。

有些管理者，视人才而不见，即使发现了人才，也不信任他们、不重用他们，甚至压制和打击他们，由此，流失或是埋没了人才。这些主管有些是因为害怕下属中有能力太强的，将自己挤下去，有些是对人才的重要性没有充分的认识，认为那些有一技之长的人才总是过于自信和骄傲，成不了什么气候，否定他们的创新理念和改革意见，而自己却外行充内行，一意孤行、瞎指挥。正是由于这样的主管，企业的业绩迟迟上不去。

企业要相信人的成长，但同时也要注意不能在企业经营中形成，有“不可替代的人才”的局面。很多企业因为某个特殊的人物，带动了企业的发展，甚至通常也随着此人的离开而没落。这也正是稻盛和夫指出的，企业留住人才和吸引人才的关键在于相信人才的成长，而相信人才的成长需要企业根据自身特点，营造企业精英文化。

成功优秀的企业文化对于企业员工潜移默化的影响有着比物质激励更为有效的作用。积极向上的企业文化会强烈影响企业员工的根本认识，并引导广大职工为企业自觉地去努力工作，自觉护卫企业形象和利益，视企业为家；同时影响该企业的领导风格、领导方式和领导能力。而这些都是企业能否有效吸引人才的主要因素。

企业应该充分利用自身条件，结合当地经营生产的要求，开展员工的培训计划，提高员工的技能，提高企业凝聚力为主题的企业文化建设活动，让员工在紧张的工作之余，能充分享受企业的关怀与温暖。企业在激烈的市场竞争中，充分利用与发挥各种人才的优势，弥补不足，扬长避短，并相信人才的成长，才能在市场竞争中立足于不败之地。

决不能将老员工弃之不顾

“老吾老及人之老，幼吾幼及人之幼”，这句古训名言教给人们做人的道理。在稻盛和夫的企业经营中，以做人的道理作为企业经营之道，获得了成功。他坚持以人为本的经营管理方式。

稻盛和夫在他的企业管理中始终以利他的思想来作为指导。他十分重视员工的利益，即使在经济危机中的困境中，他还是向员工做出承诺，绝不裁员。当然，他也十分重视在企业中安置、任用老员工。正是由于稻盛和夫这种绝不将老员工弃之不顾的人文关怀，使得他经营的企业渡过一次次的难关，跻身世界500强。因此在企业经营中，领导者要时刻牢记“老吾老以及人之老”，善待老员工，不应该扣减老职工的工资，不该降低退休职工的工资（养老金），不该为老职工的工资比你高而愤愤不平，因为老员工在企业的发展过程中起着不可限量的作用。

老员工是企业中一个特殊的群体。他们是开拓者，是先行者；他们见证了企业的发展历程，与企业一同经历过失败与成功；他们忠诚于企业，所以不能将老员工弃之不顾，要善待老员工，留住这些“宝藏”，他们会继续发光发热，为企业的发展提速，达到企业和老员工的双赢。可能在以后的发展中，正是这些老员工在企业为难之时，坚守岗位，并在生产之余积极参与到企业基础建设。企业善待这些老员工，能让新员工从他们身上学到爱岗敬业的精神，企业从他们身上得到的是稳定发展的力量，还能让新员工了解公司的待人之道，让新员工了解公司的福利政策。

每个人都有一个最佳工作的年龄阶段，老员工在企业开创时，奉献自己的精力、体力、才能。过了这个阶段，人创造财富的能力就会下降，如果在这时我们不要人家了，就是不道德。其次是集团的财富不是凭空而来的，而是一步一步地积累起来的；尽管一些老员工因年龄关系不能再工作了，但企业的发展也有他们的贡献，应该让他们得到一份享受。

这样做对内对外都有一种导向作用——今天的新员工，就是明天的老员工，如果你不能善待老员工，哪个新员工还有心在你的企业里待下去？外面哪个人才还敢到你这里来服务呢？其实善待老员工更有助于企业的发展，企业善待老员工一方面可以给企业做宣传，看我们是这样对老员工的，这将会吸引新的人才；另一方面，老员工相对熟悉公司的各种制度、经营状况，他们可以带新员工熟悉公司，而且要是这些员工是忠于企业的，还可以给新人树立榜样。

善待老员工的企业能形成一种人气旺盛，内和外助的文化氛围，在这种文化氛围中发展的企业当然能蒸蒸日上，蓬勃发展。有一位企业领导人在谈到成功经验时说道：他们之所以能够取得如此骄人的业绩，是全体员工共同努力的结果，企业现在拥有的所有资产不是他个人的，也不是某个股东的，而是全体员工的，因为企业是全体员工创造的。他又说，虽然企业现在吸纳全球各地的人才。但他始终不忘老员工，凡在他企业工作过的人，都能受到很好的待遇，特别是那些开创者，要让他们终身享受丰厚的待遇。

企业领导者应该既要善待那些新人，也要善待老员工，因为这是保证企业持续、稳定、快速发展所必须要做的。稻盛和夫指出，企业不能以改革为名，损害老职工利益，只有保障老员工的利益，才能算是对企业的前途负责任。

企业领导者应该把保证每位职工得到自己应得的利益看成是企业追求的一个最基本的目标。企业是大家的，由大家创造由大家分享企业的一切，最终使企业服务于每个人，这个重要思想一直贯穿在他们的企业活动中。正因为这样，他们的企业才能深深地扎根在每个员工的心目中，才能深深地扎根在社会的土壤里，因而才能生机勃勃，日益健旺。